ESP32 × Python AIoT 大應用

用 ESP32 帶你體驗 AIoT 智慧聯網

記得到旗標創客・自造者工作坊粉絲專頁按『讚』

1. 建議您到「旗標創客・自造者工作坊」粉絲專頁按讚，有關旗標創客最新商品訊息、展示影片、旗標創客展覽活動或課程等相關資訊，都會在該粉絲專頁刊登一手消息。
2. 對於產品本身硬體組裝、實驗手冊內容、實驗程序、或是範例檔案下載等相關內容有不清楚的地方，都可以到粉絲專頁留下訊息，會有專業工程師為您服務。
3. 如果您沒有使用臉書，也可以到旗標網站 (www.flag.com.tw)，點選 [聯絡我們] 後，利用客服諮詢 mail 留下聯絡資料，並註明產品名稱、頁次及問題內容等資料，即會轉由專業工程師處理。
4. 有關旗標創客產品或是其他出版品，也歡迎到旗標購物網 (www.flag.tw/shop) 直接選購，不用出門也能長知識喔！
5. 大量訂購請洽

學生團體	訂購專線：(02)2396-3257 轉 362 傳真專線：(02)2321-2545
經銷商	服務專線：(02)2396-3257 轉 331 將派專人拜訪 傳真專線：(02)2321-2545

國家圖書館出版品預行編目資料

ESP32 x Python AIoT 大應用 / 施威銘研究室著. 初版.
臺北市：旗標科技股份有限公司, 2021.06　面；　公分

ISBN 978-986-312-671-3 (平裝)

1. 系統程式 2. 電腦程式設計 3. 物聯網

312.52　　110009283

作　　者／施威銘研究室

發 行 所／旗標科技股份有限公司

台北市杭州南路一段15-1號19樓

電　　話／(02)2396-3257(代表號)

傳　　真／(02)2321-2545

劃撥帳號／1332727-9

帳　　戶／旗標科技股份有限公司

監　　督／黃昕暐

執行企劃／黃昕暐

執行編輯／翁健豪

美術編輯／陳慧如

封面設計／陳慧如

校　　對／翁健豪・黃昕暐

行政院新聞局核准登記-局版台業字第 4512 號

ISBN　978-986-312-671-3

CONTENTS

CHAPTER 01

物聯網與 ESP32

近幾年創客 (Maker) 風潮盛行，物聯網時代更是席捲而來，各種物聯網裝置充斥身邊，讓生活變得更加便利。本套件會帶大家將兩者合併，做出自己的物聯網裝置。

1-1 物聯網簡介

物聯網 (IoT, **I**nternet **o**f **T**hings) 是一種技術，可以將物體連上網際網路，例如溫度感測器連上網路後，就可以將每天的溫度記錄在雲端，又或是門鎖連網，就能遠端啟動它。

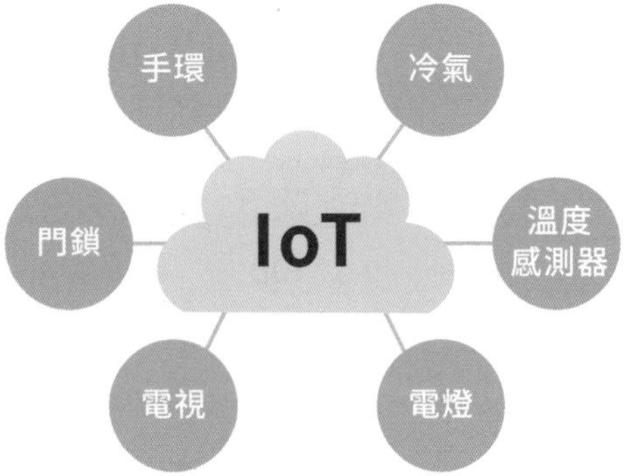

在本套件中，我們會**善用各種網路服務**，例如將溫度感測器的值傳送到現成的雲端平台，做數位溫度儀表板；透過**手機 App** 遠端開啟大門門鎖；使用既有的 **AI 服務**來辨識人臉，並在辨識到陌生人時發出警報…等。

而上述的感測器、門鎖等**電子元件**我們該怎麼使用程式來驅動它們呢？也就是下一節我們要提到的重點：**ESP32**。

1-2 ESP32 簡介

ESP32 是一個**控制板**，你可以將控制板想像成是一個小電腦，能夠執行透過程式描述的運作流程，並且可藉由兩側的輸出入腳位控制外部的電子元件，或是從電子元件獲取資訊。

ESP32 內建了物聯網中非常重要的 **Wi-Fi** 連網功能，可以藉由網路將電子元件的資訊傳送出去，也可藉由網路將資訊傳回給 ESP32，而 ESP32 還有**藍牙功能**，並且內建霍爾及溫度感測器。

除了硬體上的優點外，一般的控制板都會使用較為複雜的 C/C++ 來開發，而 ESP32 除了 C/C++ 以外，還可以使用易學易用的 Python 來開發，讓使用者更加容易入手，下一章我們就帶大家認識一下簡單好學的 Python 吧！

CHAPTER 02

Python 簡介

Python 是最近非常熱門的程式語言，大多數人對程式語言可能都有很大的心理門檻，複雜的語法讓人退避三舍，但 Python 語法簡潔，非常口語化，因此非常適合當作入門的程式語言。

2-1 安裝 Python 開發環境

在開始學 Python 控制硬體之前，當然要先安裝好 Python 開發環境。別擔心！安裝程序一點都不麻煩，甚至不用花腦筋，只要用滑鼠一直點下一步，不到五分鐘就可以安裝好了！

下載與安裝 Thonny

Thonny 是一個適合初學者的 Python 開發環境，請連線 https://thonny.org 下載這個軟體：

▲ 使用 Mac/Linux 系統的讀者請點選相對應的下載連結。

下載後請雙按執行該檔案，然後依照下面步驟即可完成安裝：

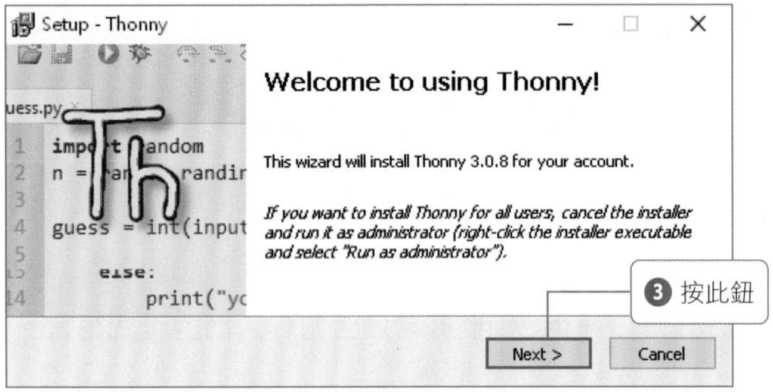
Setup - Thonny
Welcome to using Thonny!
This wizard will install Thonny 3.0.8 for your account.
If you want to install Thonny for all users, cancel the installer and run it as administrator (right-click the installer executable and select "Run as administrator").
3 按此鈕
Next >
Cancel

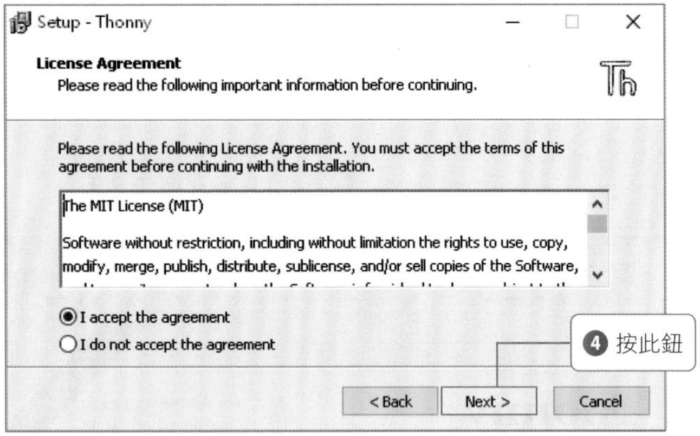
Setup - Thonny
License Agreement
Please read the following important information before continuing.
Please read the following License Agreement. You must accept the terms of this agreement before continuing with the installation.
The MIT License (MIT)
Software without restriction, including without limitation the rights to use, copy, modify, merge, publish, distribute, sublicense, and/or sell copies of the Software,
I accept the agreement
I do not accept the agreement
4 按此鈕
< Back
Next >
Cancel

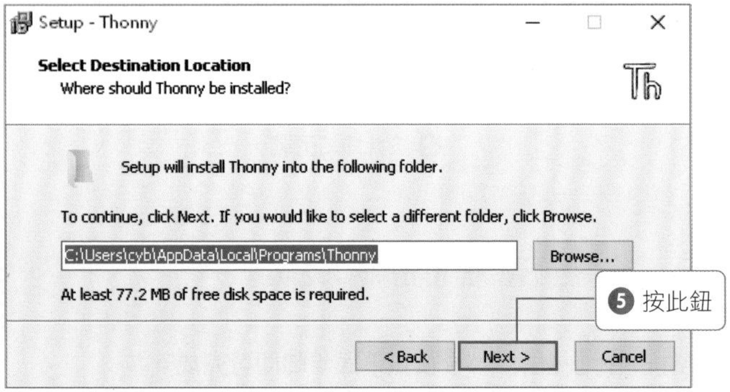
Setup - Thonny
Select Destination Location
Where should Thonny be installed?
Setup will install Thonny into the following folder.
To continue, click Next. If you would like to select a different folder, click Browse.
C:\Users\cyb\AppData\Local\Programs\Thonny
Browse...
At least 77.2 MB of free disk space is required.
5 按此鈕
< Back
Next >
Cancel

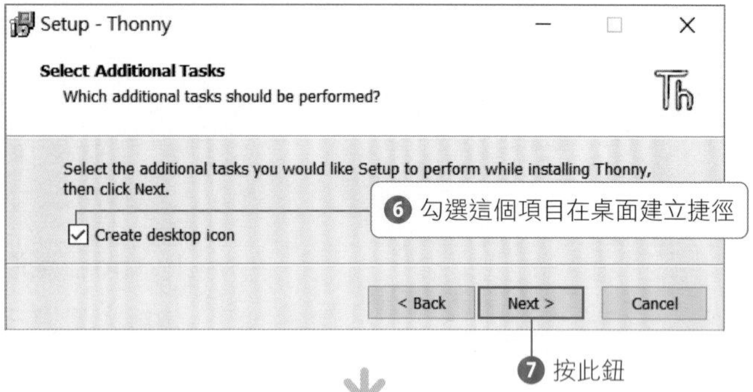
Setup - Thonny
Select Additional Tasks
Which additional tasks should be performed?
Select the additional tasks you would like Setup to perform while installing Thonny, then click Next.
6 勾選這個項目在桌面建立捷徑
Create desktop icon
< Back
Next >
Cancel
7 按此鈕

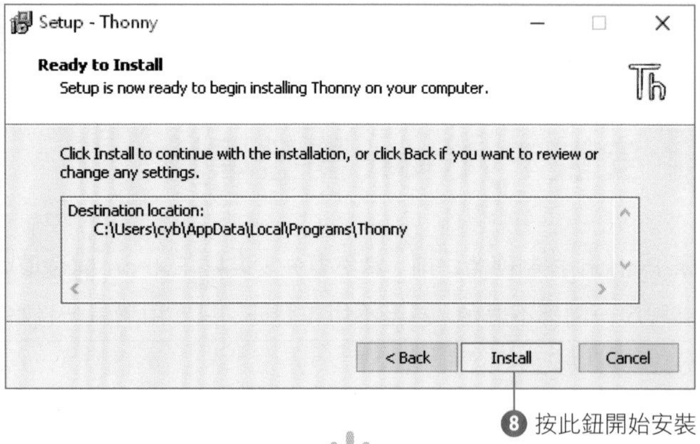
Setup - Thonny
Ready to Install
Setup is now ready to begin installing Thonny on your computer.
Click Install to continue with the installation, or click Back if you want to review or change any settings.
Destination location:
C:\Users\cyb\AppData\Local\Programs\Thonny
< Back
Install
Cancel
8 按此鈕開始安裝

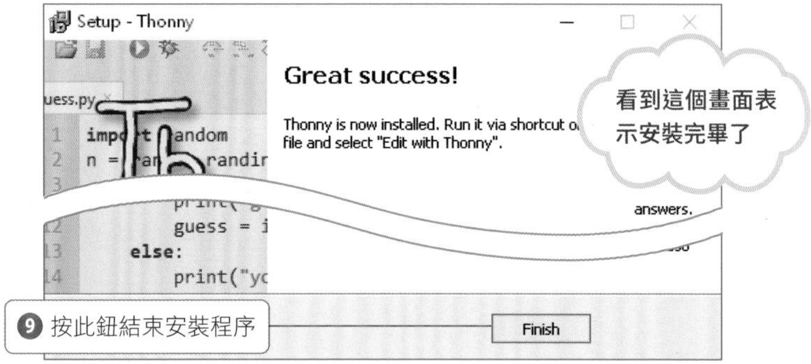
Setup - Thonny
Great success!
Thonny is now installed. Run it via shortcut o
file and select "Edit with Thonny".
看到這個畫面表示安裝完畢了
9 按此鈕結束安裝程序
Finish

開始寫第一行程式

完成 Thonny 的安裝後，就可以開始寫程式啦！

請按 Windows 開始功能表中的 **Thonny** 項目或桌面上的捷徑，開啟 Thonny 開發環境：

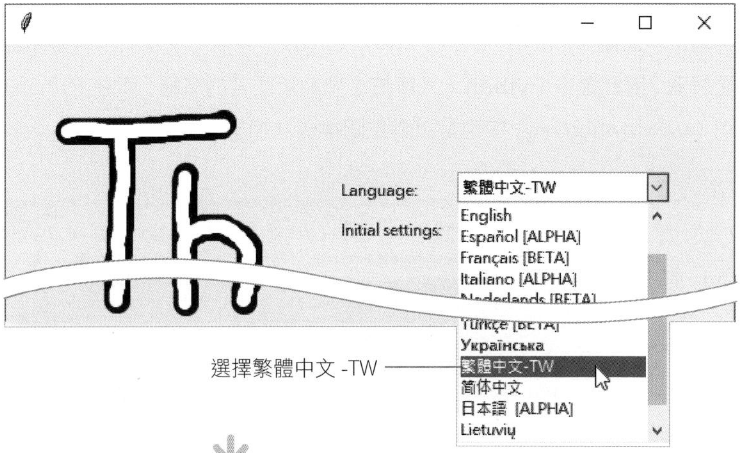

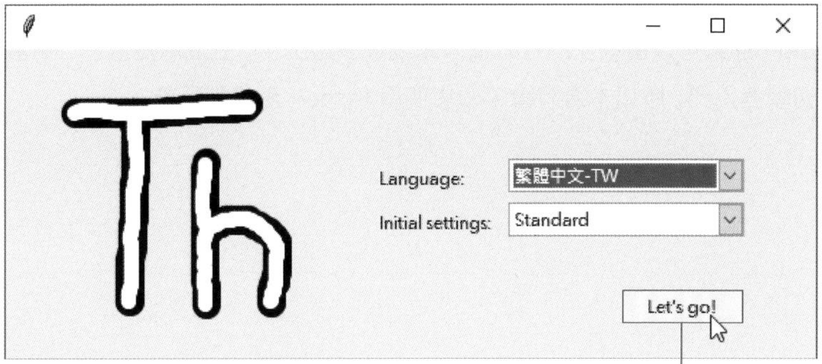

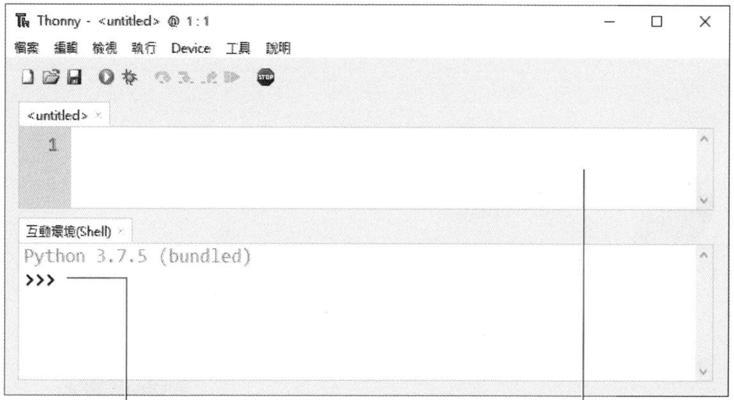

Thonny 的上方是我們撰寫編輯程式的區域，下方**互動環境 (Shell)** 窗格則是互動程式執行區，兩者的差別將於稍後說明。請如下在 **Shell** 窗格寫下我們的第一行程式：

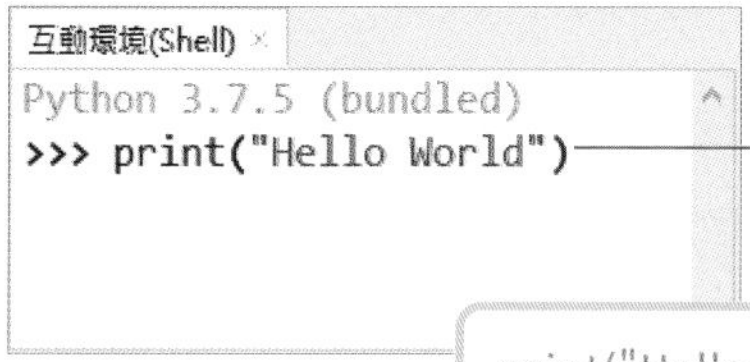

print("Hello World") 這個程式是要求電腦在螢幕印出 "Hello World"

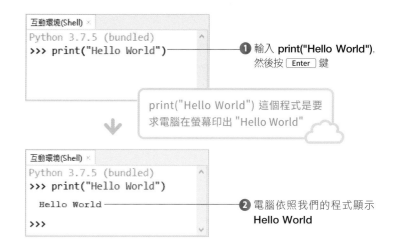

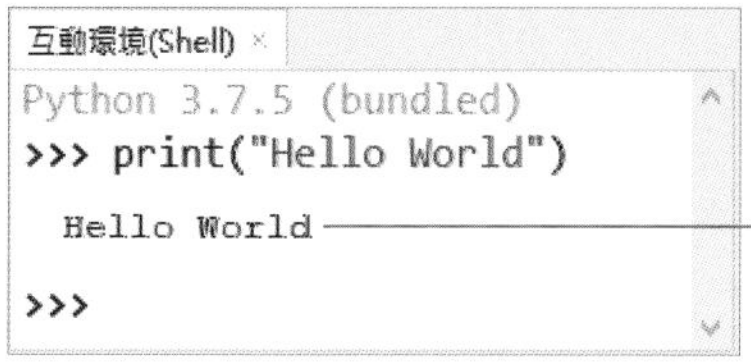

寫程式其實就像是寫劇本，寫劇本是用來要求演員如何表演，而寫程式則是用來控制電腦如何動作。

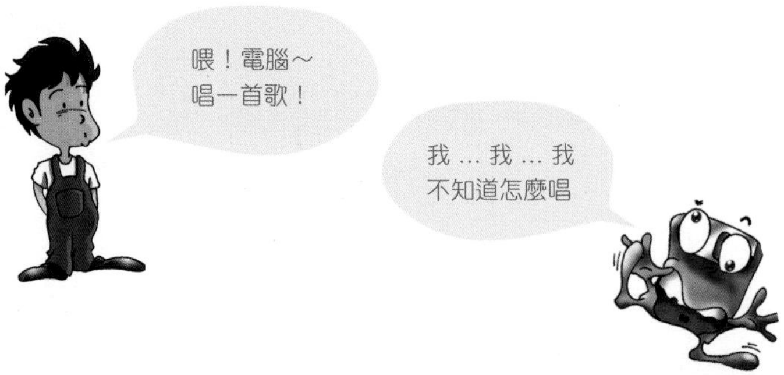

雖然說寫程式可以控制電腦，但是這個控制卻不像是人與人之間溝通那樣，只要簡單一個指令，對方就知道如何執行。您可以將電腦想像成一個動作超快，但是什麼都不懂的小朋友，當您想要電腦小朋友完成某件事情，例如唱一首歌，您需要告訴他這首歌每一個音是什麼、拍子多長才行。

所以寫程式的時候，我們需要將每一個步驟都寫下來，這樣電腦才能依照這個程式來完成您想要做的事情。

我們會在後面章節中，一步一步的教您如何寫好程式，做電腦的主人來控制電腦。

Python 程式語言

前面提到寫程式就像是寫劇本，現實生活中可以用英文、中文 ... 等不同的語言來寫劇本，在電腦的世界裡寫程式也有不同的程式語言，每一種程式語言的語法與特性都不相同，各有其優缺點。

Python 是由荷蘭程式設計師 Guido van Rossum 於 1989 年所創建，由於他是英國電視短劇 Monty Python's Flying Circus（蒙提．派森的飛行馬戲團）的愛好者，因此選中 **Python**（大蟒蛇）做為新語言的名稱，而在 Python 的官網 (www.python.org) 中也是以蟒蛇圖案做為標誌：

Python 是一個易學易用而且功能強大的程式語言，其語法簡潔而且口語化（近似英文寫作的方式），因此非常容易撰寫及閱讀。更具體來說，就是 Python 通常可以用較少的程式碼來完成較多的工作，並且清楚易懂，相當適合初學者入門，所以本書將會帶領您使用 Python 來控制硬體。

Thonny 開發環境基本操作

前面我們已經在 Thonny 開發環境中寫下第一行 Python 程式，本節將為您介紹 Thonny 開發環境的基本操作方式。

Thonny 上半部的程式編輯區是我們撰寫程式的地方：

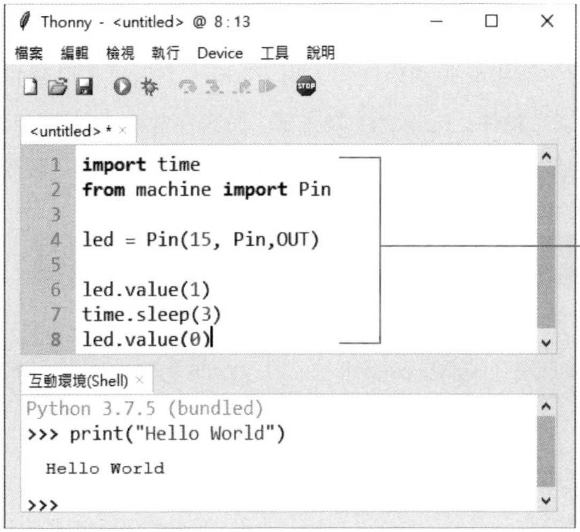

可以說，上半部程式編輯區類似稿紙，讓我們將想要電腦做的指令全部寫下來，寫完後交給電腦執行，一次做完所有指令。

而下半部 **Shell** 窗格則是一個交談的介面，我們寫下一行指令後，電腦就會立刻執行這個指令，類似老師下一個口令學生做一個動作一樣。

所以 **Shell** 窗格適合用來作為程式測試，我們只要輸入一句程式，就可以立刻看到電腦執行結果是否正確。

▲ 本書後面章節若看到程式前面有 >>>, 便表示是在 **Shell** 窗格內執行與測試。

若您覺得 Thonny 開發環境的文字過小，請如下修改相關設定：

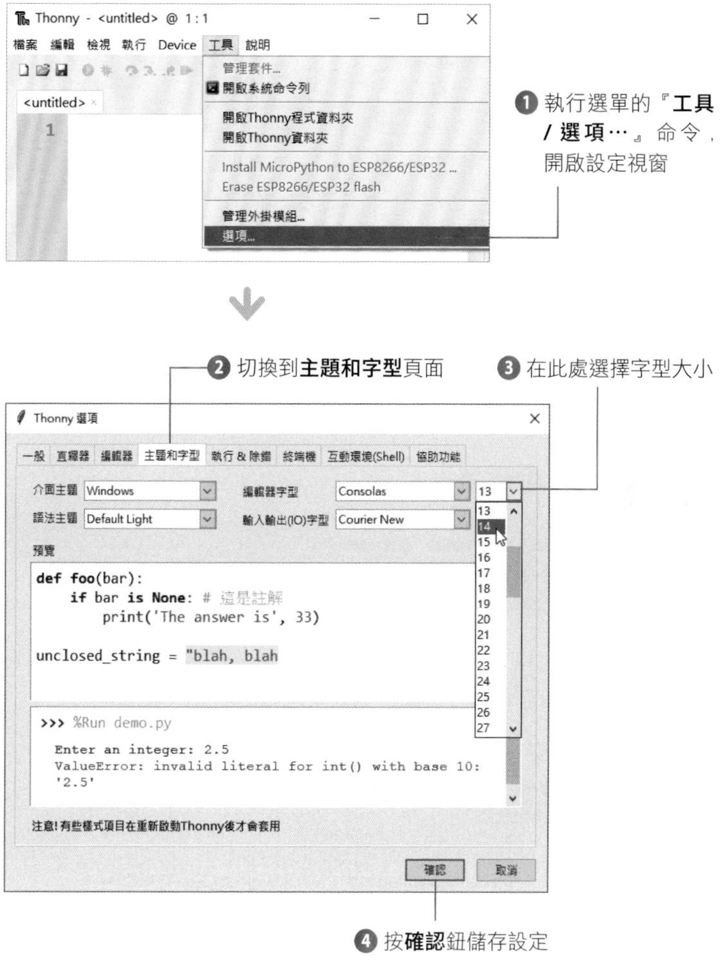

如果覺得介面上的按鈕太小不好按，可以在設定視窗如下修改：

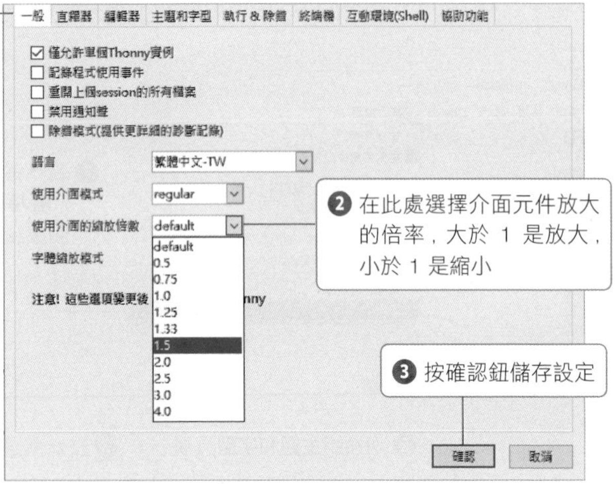

▲ 設定完成必須重新啟動 Thonny 才會生效。

日後當您撰寫好程式，請如下儲存：

若要打開之前儲存的程式或範例程式檔，請如下開啟：

▲ 本套件範例程式下載網址：https://www.flag.com.tw/download.asp?FM631A。

如果要讓電腦執行或停止程式，請依照下面步驟：

2-2 Python 物件、資料型別、變數、匯入模組

物件

前面提到 Python 的語法簡潔且口語化，近似用英文寫作，一般我們寫句子的時候，會以主詞搭配動詞來成句。用 Python 寫程式的時候也是一樣，Python 程式是以『**物件**』(Object) 為主導，而物件會有『**方法**』(method)，這邊的物件就像是句子的主詞，方法類似動詞，請參見下面的比較表格：

寫作文章	寫 Python 程式	說明
車子	car	car 物件
車子向前進	car.go()	car 物件的 go 方法

物件的方法都是用點號 . 來連接，您可以將 . 想成『的』，所以 car.go() 便是 car 的 go() 方法。

方法的後面會加上括號 ()，有些方法可能會需要額外的資訊，假設車子向前進需要指定速度，此時速度會放在方法的括號內，例如 car.go(100)，這種額外資訊就稱為『**參數**』。若有多個參數，參數間以英文逗號 "," 來分隔。

請在 Thonny 的 Shell 窗格，輸入以下程式練習使用物件的方法：

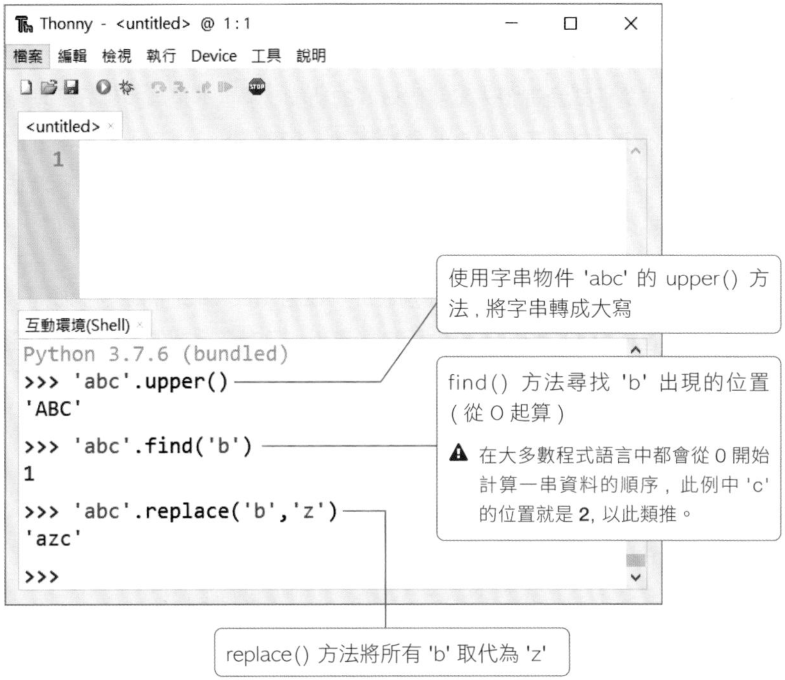
Thonny - <untitled> @ 1:1
檔案 編輯 檢視 執行 Device 工具 說明
<untitled>
互動環境(Shell)
Python 3.7.6 (bundled)
>>> 'abc'.upper()
'ABC'
>>> 'abc'.find('b')
1
>>> 'abc'.replace('b','z')
'azc'
>>>
使用字串物件 'abc' 的 upper() 方法，將字串轉成大寫
find() 方法尋找 'b' 出現的位置 (從 0 起算)
在大多數程式語言中都會從 0 開始計算一串資料的順序，此例中 'c' 的位置就是 2，以此類推。
replace() 方法將所有 'b' 取代為 'z'

▲ 不同的物件會有不同的方法，本書稍後介紹各種物件時，會說明該物件可以使用的方法。

資料型別

上面我們使用了字串物件來練習方法，Python 中只要用成對的 " 或 ' 引號括起來的就會自動成為字串物件，例如 "abc"、'abc'。

除了字串物件以外，我們寫程式常用的還有整數與浮點數 (小數) 物件，例如 111 與 11.1。所以數字如果沒有用引號括起來，便會自動成為整數與浮點數物件，若是有括起來，則是字串物件：

```
>>> 111 + 111          ← 整數相加
222

>>> '111' + '111'      ← 字串串接
'111111'
```

我們可以看到雖然都是 111，但是整數與字串物件用 + 號相加的動作會不一樣，這是因為其資料的種類不相同。這些資料的種類，在程式語言中我們稱之為『**資料型別**』(Data Type)。

寫程式的時候務必要分清楚資料型別，兩個資料若型別不同，便可能會導致程式無法運作：

```
>>> 111 + '111'     ← 不同型別的資料相加發生錯誤
  Traceback (most recent call last):
    File "<pyshell>", line 1, in <module>
  TypeError: unsupported operand type(s) for +: 'int' and 'str'
```

對於整數與浮點數物件，除了最常用的加 (+)、減 (-)、乘 (*)、除 (/) 之外，還有求除法的餘數 (%)、及次方 (**)：

```
>>> 5 % 2
1
>>> 5 ** 2
25
```

變數

在 Python 中，變數就像是掛在物件上面的名牌，幫物件取名之後，即可方便我們識別物件，其語法為：

```
變數名稱 = 物件
```

例如：

```
>>> n1 = 123456789   ← 將整數物件 123456789 取名為 n1
>>> n2 = 987654321   ← 將整數物件 987654321 取名為 n2
>>> n1 + n2          ← n1 + n2 實際上便是 123456789 + 987654321
1111111110
```

變數命名時只用**英**、**數字**及**底線**來命名，而且第一個字不能是數字。

▲ 其實在 Python 語言中可以使用中文來命名變數，但會導致看不懂中文的人也看不懂程式碼，故約定成俗地不使用中文命名變數。

內建函式

函式 (function) 是一段預先寫好的程式，可以方便重複使用，而程式語言裡面會預先將經常需要的功能以函式的形式先寫好，這些便稱為**內建函式**，您可以將其視為程式語言預先幫我們做好的常用功能。

前面第一章用到的 print() 就是內建函式，其用途就是將物件或是某段程式執行結果顯示到螢幕上：

```
>>> print('abc')      ← 顯示物件
  abc

>>> print('abc'.upper())    ← 顯示物件方法的執行結果
  ABC

>>> print(111 + 111)    ← 顯示物件運算的結果
  222
```

▲ 在 **Shell** 窗格的交談介面中，單一指令的執行結果會自動顯示在螢幕上，但未來我們執行完整程式時就不會自動顯示執行結果了，這時候就需要 print() 來輸出結果。

匯入模組

既然內建函式是程式語言預先幫我們做好的功能，那豈不是越多越好？理論上內建函式越多，我們寫程式自然會越輕鬆，但實際上若內建函式無限制的增加後，就會造成程式語言越來越肥大，導致啟動速度越來越慢，執行時佔用的記憶體越來越多。

為了取其便利去其缺陷，Python 特別設計了**模組** (module) 的架構，將同一類的函式打包成模組，預設不會啟用這些模組，只有當需要的時候，再用**匯入 (import)** 的方式來啟用。

模組匯入的語法有兩種，請參考以下範例練習：

```
>>> import time    ← 匯入時間相關的 time 模組
>>> time.sleep(3)    ← 執行 time 模組的 sleep() 函式, 暫停 3 秒

>>> from time import sleep    ← 從 time 模組裡面匯入 sleep() 函式
>>> sleep(5)    ← 執行 sleep() 函式, 暫停 5 秒
```

上述兩種匯入方式會造成執行 sleep() 函式的書寫方式不同，請您注意其中的差異。

2-3 安裝與設定 ESP32 控制板

剛剛我們練習寫的 Python 程式都是在個人電腦上面執行，因為個人電腦缺少對外連接的腳位，無法用來控制創客常用的電子元件，所以我們將改用 ESP32 這個小電腦來執行 Python 程式。

下載與安裝驅動程式

為了讓 Thonny 可以連線 ESP32，以便上傳並執行我們寫的 Python 程式，請先連線 http://www.wch.cn/downloads/CH341SER_EXE.html，下載 ESP32 的驅動程式：

❶ 連線 http://www.wch.cn/downloads/CH341SER_EXE.html

❷ 按此鈕下載

若您使用 Mac，系統已內建驅動程式，不用下載安裝。

▲ 設定完成必須重新啟動 Thonny 才會生效。

下載後請雙按執行該檔案，然後依照下面步驟即可完成安裝：

❶ 請選是允許安裝

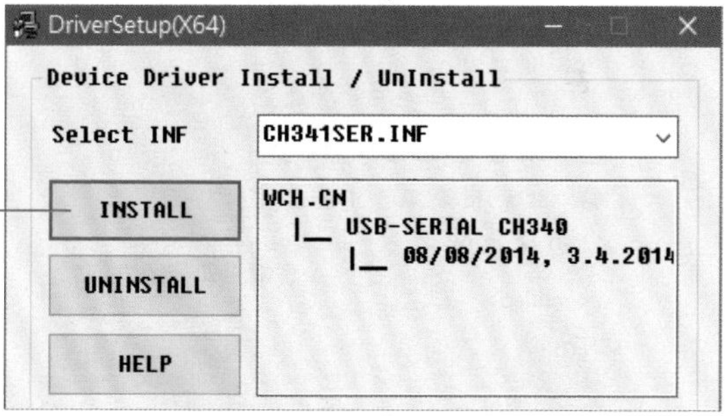

❷ 按此鈕進行安裝

看到 success 便表示安裝成功了！

▲ 若無法安裝成功，請參考下一頁，先將 ESP32 開發板插上 USB 線連接電腦，然後再重新安裝一次。

連接 ESP32

由於在開發 ESP32 程式之前，要將 ESP32 插上 USB 連接線，所以請先將 USB 連接線接上 ESP32 的 USB 孔，USB 線另一端接上電腦：

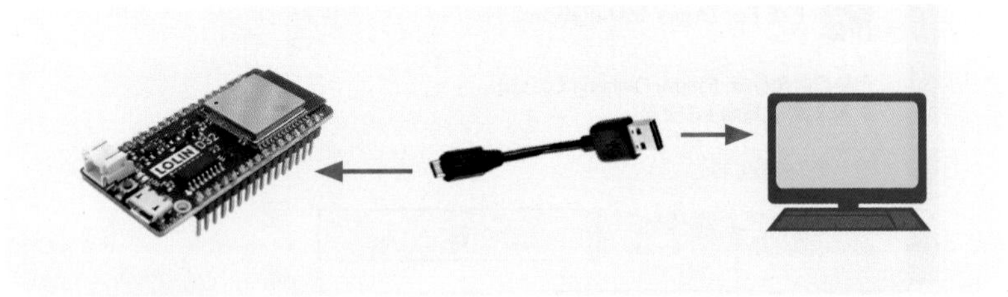

請如下設定 Thonny 連線 ESP32：

❶ 執行選單的『**工具 / 選項…**』命令，開啟設定視窗

❷ 切換到**直譯器**頁面

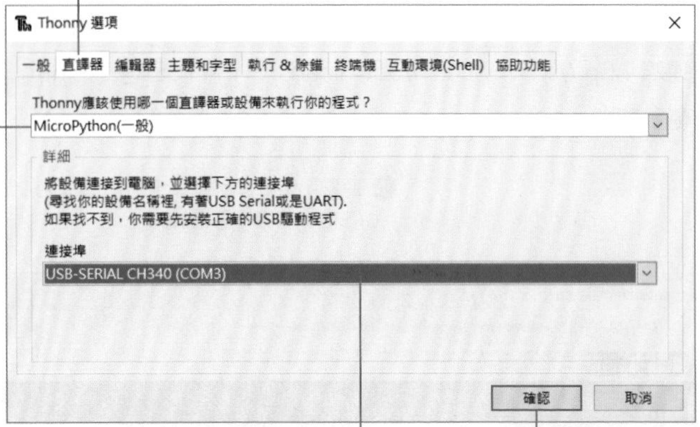

❸ 拉下選單選擇 **MicroPython(一般)**

❹ 拉下選單選一有 CH340 字樣的序列埠（Mac 上請選有 "/dev/cu.wchusbserial" 字樣的項目）

❺ 按**確認**鈕儲存設定

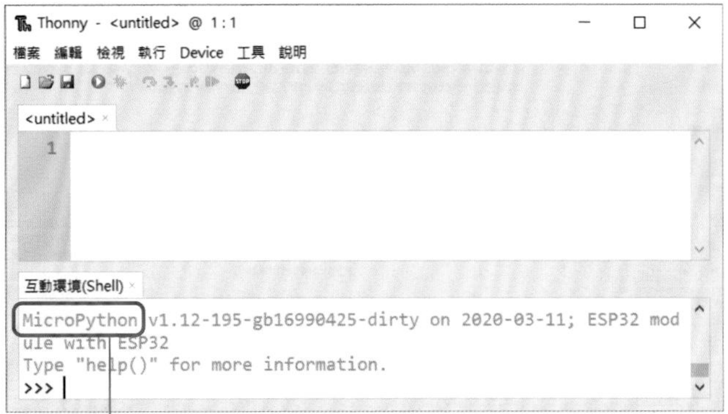

在**互動環境 (Shell)** 窗格看到 MicroPython 字樣便表示連線成功

⚠ MicroPython 是特別設計的精簡版 Python，以便在 ESP32 這樣記憶體較少的小電腦上面執行。

2-4 認識硬體

目前已經完成安裝與設定工作，接下來我們就可以使用 Python 開發 ESP32 程式了。

由於接下來的實驗要動手連接電子線路，所以在開始之前先讓我們學習一些簡單的電學及佈線知識，以便能順利地進行實驗。

LED

LED，又稱為發光二極體，具有一長一短兩隻接腳，若要讓 LED 發光，則需對長腳接上高電位，短腳接低電位，像是水往低處流一樣產生高低電位差讓電流流過 LED 即可發光。LED 只能往一個方向導通，若接反就不會發光。

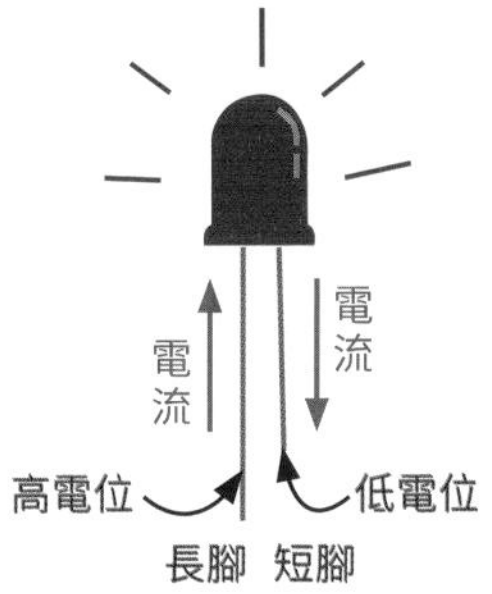

▲ 本套件中的 LED 已內建在 ESP32 上。

麵包板

麵包板的表面有很多的插孔。插孔下方有相連的金屬夾，當零件的接腳插入麵包板時，實際上是插入金屬夾，進而和同一條金屬夾上的其他插孔上的零件接通，在本套件實驗中我們就需要麵包板來連接 ESP32 與其它電子元件。

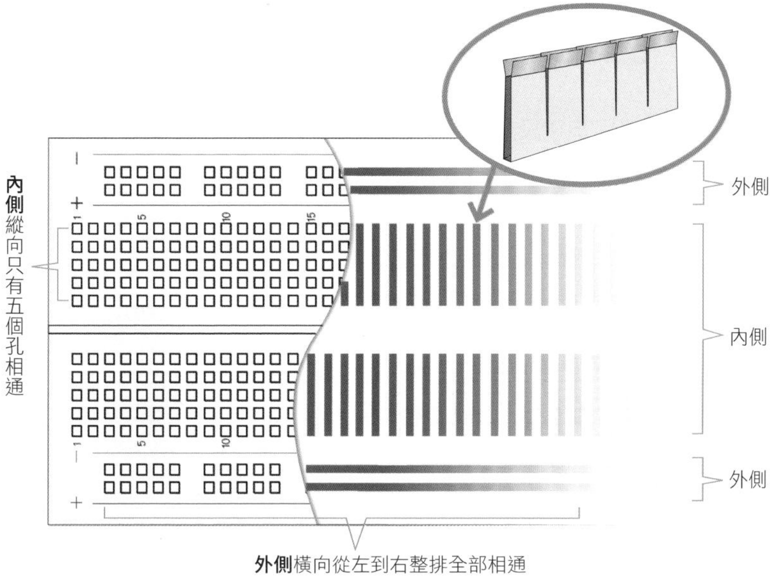

杜邦線與排針

杜邦線是二端已經做好接頭的導線，可以很方便的用來連接 ESP32、麵包板、及其他各種電子元件。杜邦線的接頭可以是公頭（針腳）或是母頭（插孔），如果使用排針可以將杜邦線或裝置上的母頭變成公頭：

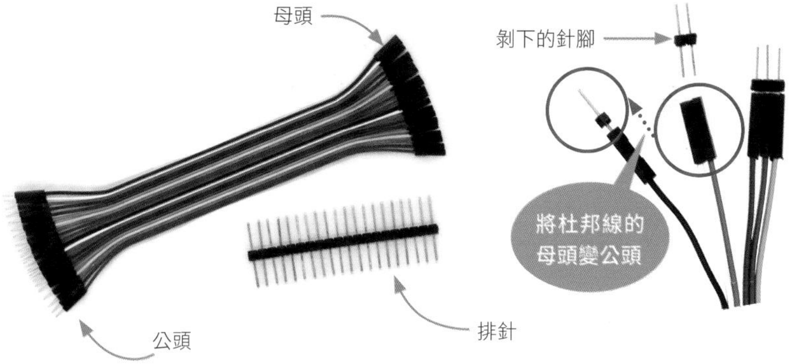

▲ 不同顏色的杜邦線功能都相同，顏色只是方便區分。

2-5 ESP32 的 IO 腳位以及數位訊號輸出

在電子的世界中，訊號只分為高電位跟低電位兩個值，這個稱之為**數位訊號**。在 ESP32 兩側的腳位中，標示為 0~34(當中有跳過一些腳位)的 23 個腳位，可以用程式來控制這些腳位是高電位還是低電位，所以這些腳位被稱為**數位 IO (Input/Output) 腳位**。

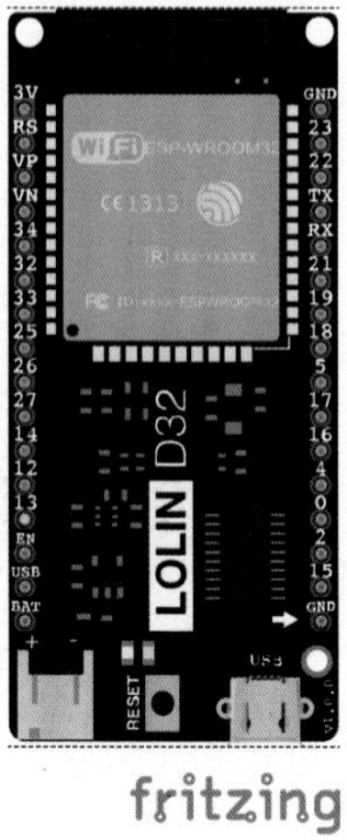

本章會先說明如何控制這些腳位進行數位訊號**輸出**，之後會說明如何從這些腳位**輸入**數位訊號。

在程式中我們會以 1 代表高電位，0 代表低電位，所以等一下寫程式時，若設定腳位的值是 1，便表示要讓腳位變高電位，若設定值為 0 則表示低電位。

⚠ 寫程式時需要寫對編號才能正常運作喔！

本套件的範例程式下載網址：

```
https://www.flag.com.tw/download.asp?FM631A
```

LAB01 閃爍 LED 燈

實驗目的	熟悉 Thonny 開發環境的操作，並點亮 ESP32 上內建的藍色 LED 燈
材料	ESP32 控制版

線路圖

此實驗無須接線

設計原理

為了方便使用者測試，ESP32 上有一顆內建的**藍色 LED 燈**，這顆 LED 燈的**短腳**接於 5 號腳位，長腳接於 3.3V(高電位)。當 5 號腳位的狀態變成**低電位**時，會產生高低電位差讓電流流過 LED 燈使其發光。

當我們需要控制 ESP32 腳位的時候，需要先從 machine 模組匯入 Pin 物件：

```
>>>  from machine import Pin
```

前面提到 ESP32 上內建的 LED 燈接於 5 號腳位上，請如下以 5 號腳位建立 Pin 物件：

```
>>>  led = Pin(5,Pin.OUT)
```

上面我們建立了 5 號腳位的 Pin 物件，並且將其命名為 led, 因為建立物件時第 2 個參數使用了 **"Pin.OUT"**, 所以 5 號腳位就會被設定為**輸出腳位**。

然後即可使用 value() 方法來指定腳位電位高低：

```
>>>  led.value(1) ← 高電位, 熄滅 LED 燈
>>>  led.value(0) ← 低電位, 點亮 LED 燈
```

最後，我們希望讓 LED 燈不斷地閃爍下去，所以使用 Python 的 while 迴圈，讓 LED 燈持續點亮和熄滅：

軟體補給站 while 迴圈

while 條件式：

程式區塊

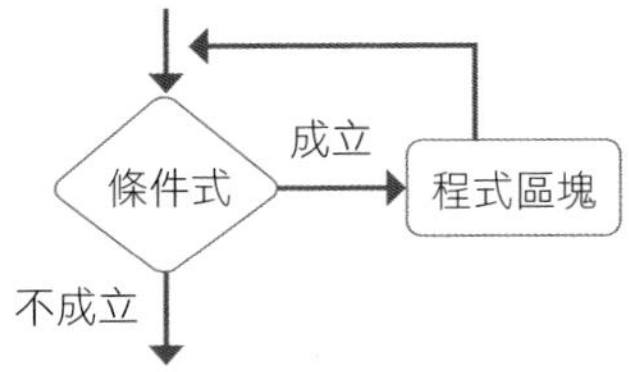

條件式
成立
程式區塊
不成立

while 會先對條件式做判斷，如果條件成立，就執行程式區塊，然後再回到 while 做判斷，如此一直循環到條件式不成立時，則結束迴圈。

寫單晶片程式時，常常需要程式不斷的重複執行，這時可以使用 **while True** 語法來達成。前面提到 while 後面需要接**條件式** (例：while 3>2), 而條件式本身成立時，會回傳 **True(1)**, 所以 while True 代表條件式不斷成立，程式區塊會不斷重複執行。

```
>>> while True:             # 一直重複執行
        led.value(1)        # 熄滅 LED 燈
        time.sleep(1)       # 暫停 1 秒
        led.value(0)        # 點亮 LED 燈
        time.sleep(1)       # 暫停 1 秒
```

while 的條件式後需要加上**冒號『：』**, 冒號後面的程式區塊必須內縮，一般慣例會以『4 個空格』做為內縮的格數。

程式設計

請在 Thonny 開發環境上半部的程式編輯區輸入以下程式碼，輸入以下程式碼，輸入完畢後請按 Ctrl + S 儲存檔案：

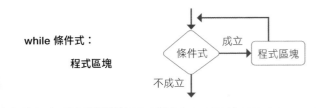

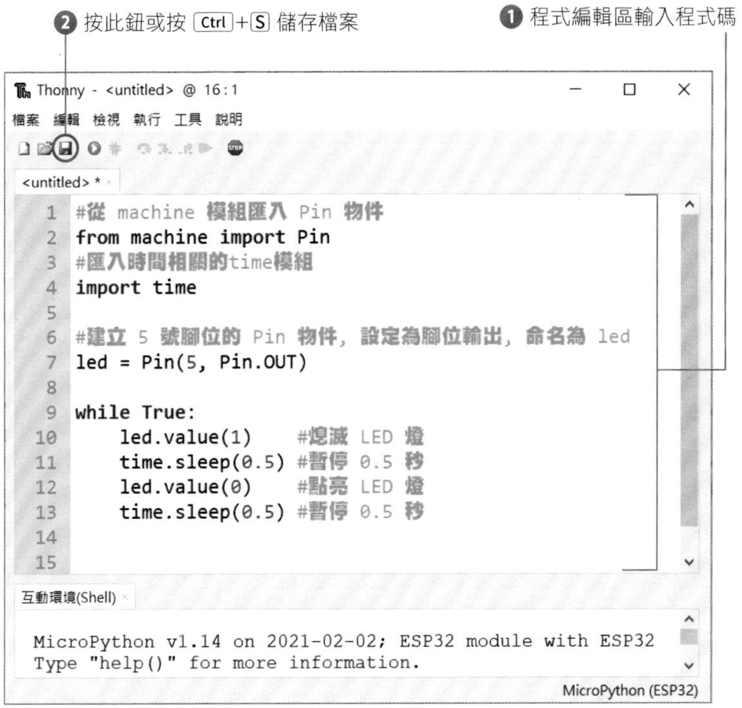

❷ 按此鈕或按 Ctrl + S 儲存檔案
❶ 程式編輯區輸入程式碼
Thonny - <untitled> @ 16:1
檔案 編輯 檢視 執行 工具 說明
<untitled> *
#從 machine 模組匯入 Pin 物件
from machine import Pin
#匯入時間相關的time模組
import time
#建立 5 號腳位的 Pin 物件，設定為腳位輸出，命名為 led
led = Pin(5, Pin.OUT)
while True:
led.value(1)   #熄滅 LED 燈
time.sleep(0.5) #暫停 0.5 秒
led.value(0)   #點亮 LED 燈
time.sleep(0.5) #暫停 0.5 秒
互動環境(Shell)
MicroPython v1.14 on 2021-02-02; ESP32 module with ESP32
Type "help()" for more information.
MicroPython (ESP32)

▲ 程式裡面的 # 符號代表註解，# 符號後面的文字 Python 會自動忽略不會執行，所以可以用來加上註記解說的文字，幫助理解程式意義。輸入程式碼時，可以不必輸入 # 符號後面的文字。

❸ 選擇本機

⚠ 若看不到本機的字樣，可以直接點選兩個方框中位於上方的方框。

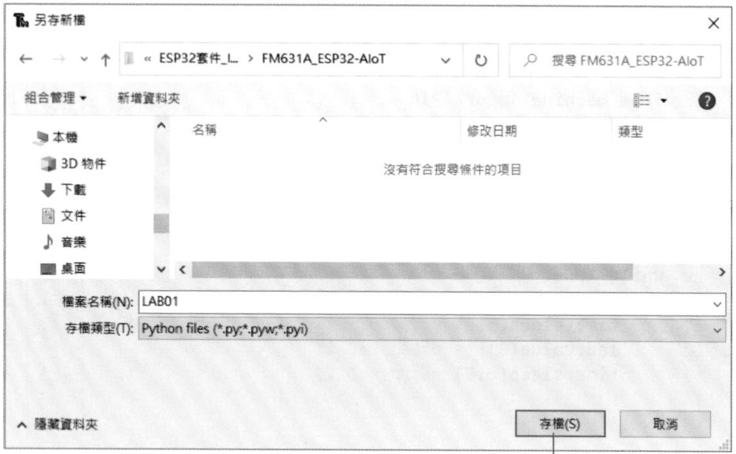

❹ 輸入檔名後按存檔鈕儲存

實測

請按 F5 執行程式，即可看到 LED 每 0.5 秒閃爍一次。

⚠ 如果想要讓程式在 ESP32 開機自動執行，請在 Thonny 開啟程式檔後，執行功能表的『檔案 / 儲存副本…』命令後點選 MicroPython 設備，在**檔案名稱：**中輸入 main.py 後按 OK。若想要取消開機自動執行，請儲存一個空的同名程式即可。

軟體補給站

安裝 MicroPython 到 ESP32 控制板

如果你從市面上購買新的 ESP32 控制板，預設並不會幫您安裝 MicroPython 環境到控制板上，請依照以下步驟安裝：

1. 請依照 2-3 節下載安裝 ESP32 控制板驅動程式。

2. Thonny 功能表點選**工具 / 選項 / 直譯器**，選擇 **MicroPython (ESP32)** 選項，**連接埠**選擇有 CH340 字樣的埠號，筆者的是 **COM 3**，之後按下**安裝或更新韌體**按鈕。

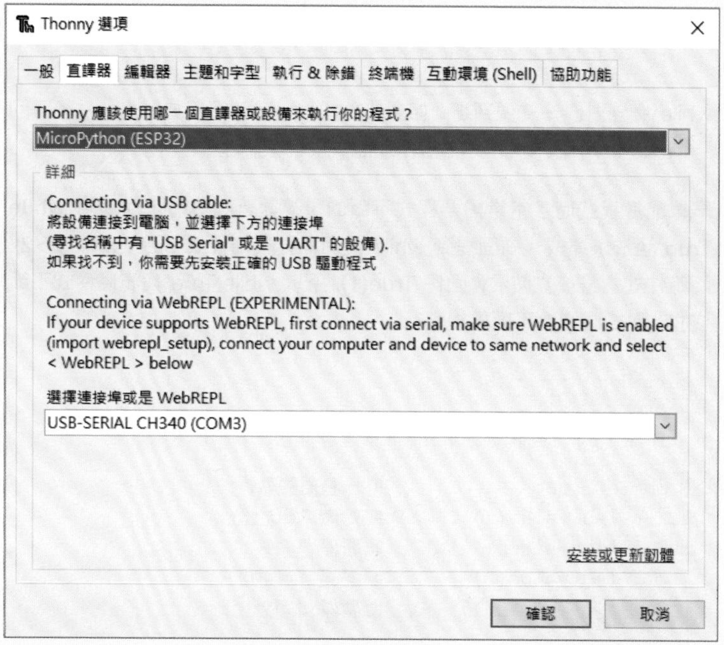

3. MicroPython 韌體位於『FM631A_ESP32-AIoT』資料夾中，檔名為『esp32-idf4-20210202-v1.14.bin』

NEXT

4. 選擇 Port 以及資料夾內的 MicroPython 韌體的路徑後按下**安裝**，完成後按下確認。

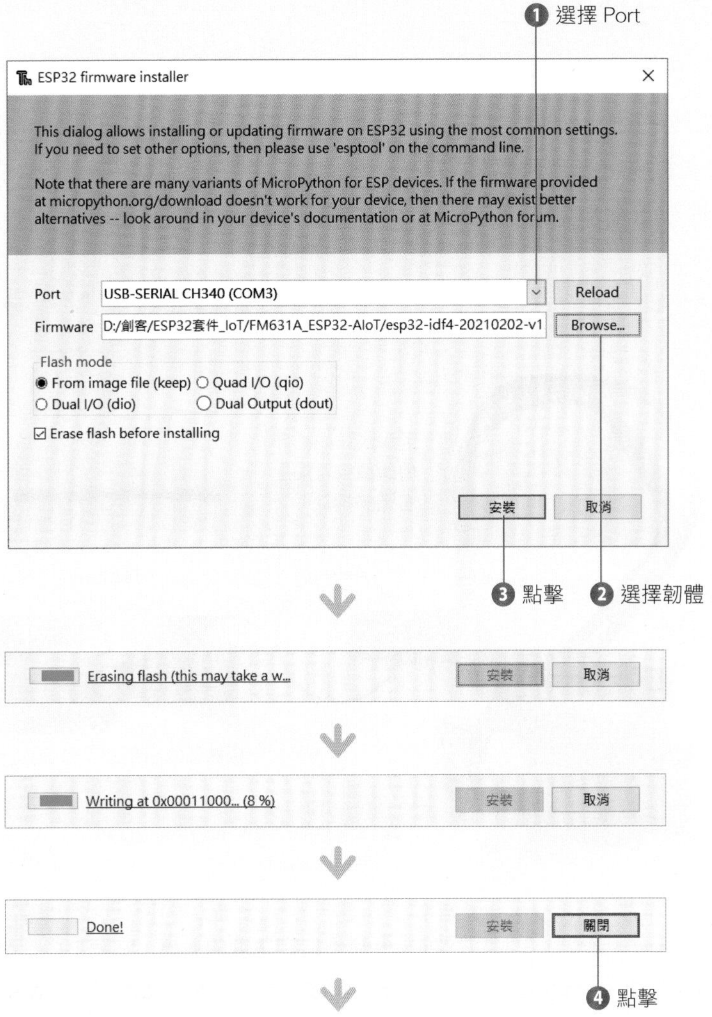

NEXT

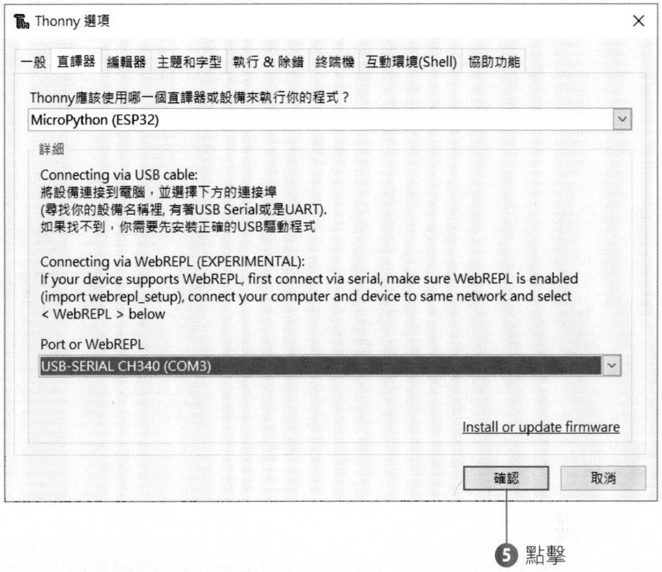

5. 重新連接後若 Shell 窗格中出現 MicroPython 字樣代表安裝成功。

```
MicroPython v1.12 on 2019-12-20; ESP32 module with ESP32
Type "help()" for more information.
>>>
```

CHAPTER 03

藍牙 (BLE) 通訊

相信大家對藍牙不會感到陌生，『藍牙鍵盤』、『藍牙滑鼠』和『藍牙耳機』…等都是現在常見的裝置，藍牙技術最主要就是讓周邊的裝置間可以無線傳送資料，下面就讓我們來更加認識藍牙，並製作出『藍牙門鎖遙控器』和『手機溫度監控站』。

3-1 伺服馬達

在製作藍牙門鎖遙控器前，先來了解本套件中的門鎖：**伺服馬達**。

接地線，將它與 ESP32 的 GND 相連
供電線，將它與 ESP32 的正極相連
訊號線，將它與 ESP32 的 GPIO 腳位相連

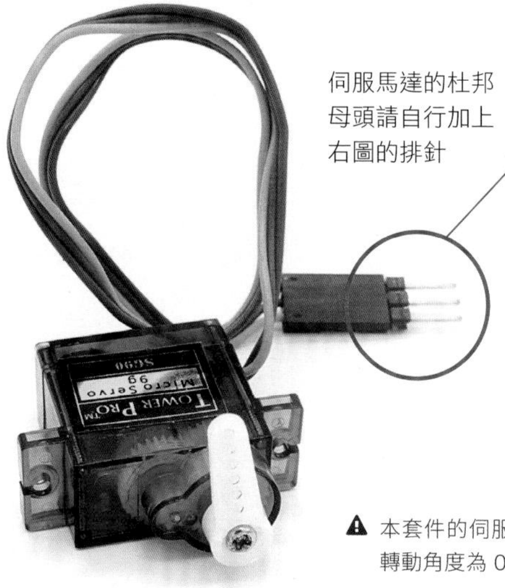
伺服馬達的杜邦母頭請自行加上右圖的排針

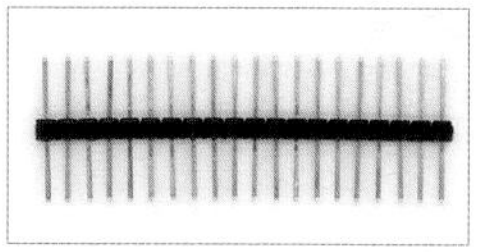

排針

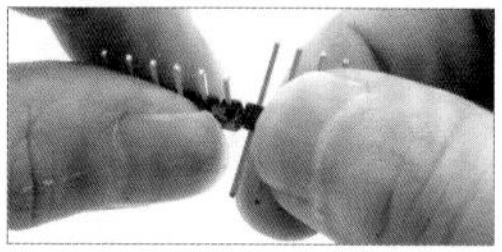

根據需求扭開即可分開排針

⚠ 本套件的伺服馬達規格為 **SG90**，轉動角度為 0~180°。

伺服馬達 (servo) 是可以根據指令轉到**指定角度**的馬達，它藉由內部感測器得知目前的旋轉角度，並不斷跟**指定角度**做比較來進行修正。

⚠ 伺服馬達通電後**請不要使用外力去轉動轉軸**，否則會導致馬達毀損。

在此套件中，藉由伺服馬達的轉軸來當作門鎖：

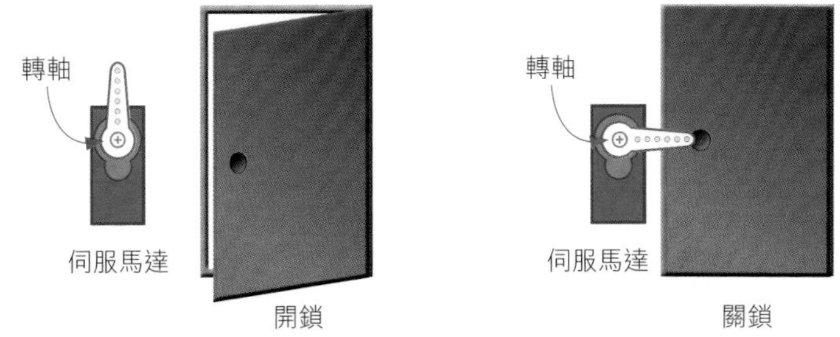

LAB02 門鎖控制

實驗目的	使用 servo 模組控制伺服馬達。
材料	• ESP32 麵包板 • 伺服馬達 • 麵包板 • 杜邦線若干條 • 排針

線路圖

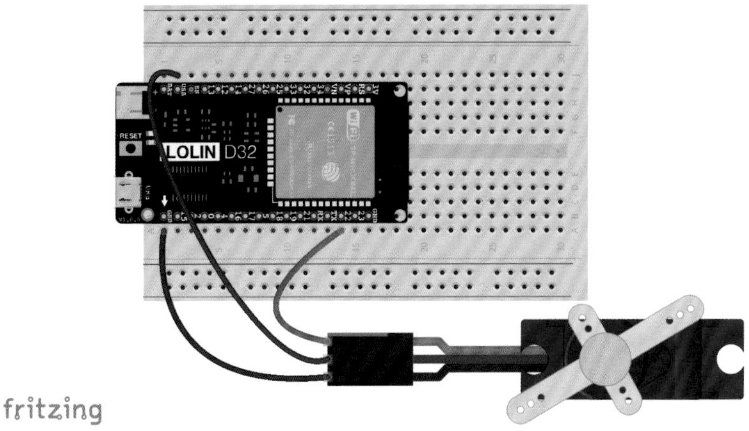

ESP32 腳位	伺服馬達
USB	紅線
GND	棕線
22	橘線

▲ USB 腳位會輸出 5V 電壓。

設計原理

伺服馬達的**訊號線**會用來接收 ESP32 的**脈衝訊號**，並根據脈衝訊號的**高電位持續時間**來決定轉動角度：

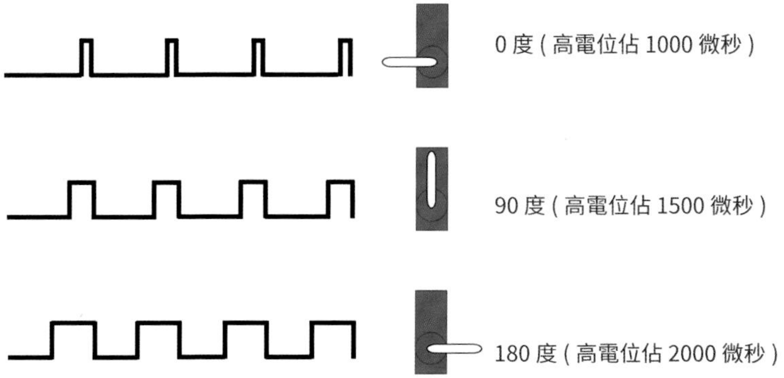

▲ 脈衝訊號的頻率是 50Hz

▲ **脈衝訊號**指的是短時間內從基準線變化震幅再回到基準線的訊號，上圖的脈衝訊號會不斷切換電位的高低。

在寫程式的時候，並不需要指定脈衝訊號的高電位持續時間，只需要使用 **servo 模組**，就可以輕鬆指定伺服馬達的角度。

首先要先上傳 **servo 模組**到 ESP32：

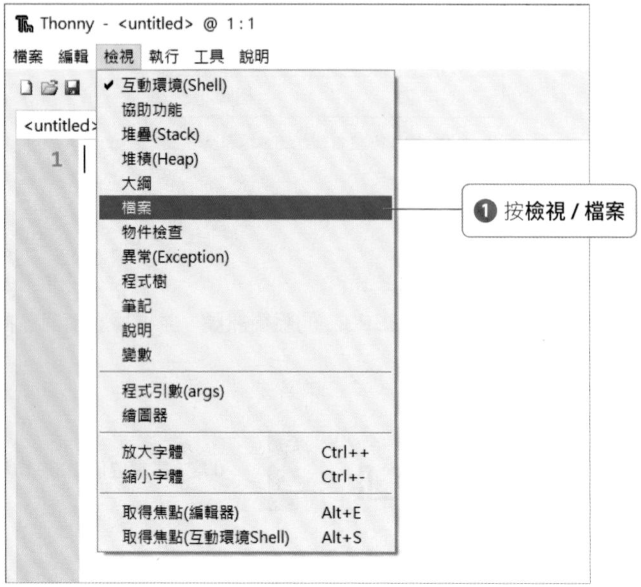

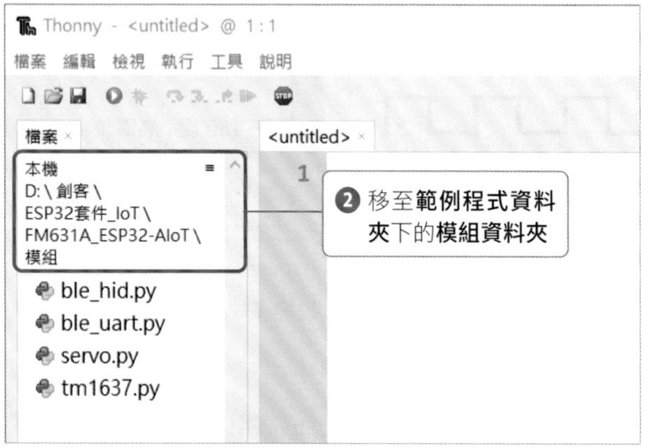

▲ 範例程式下載網址 **https://www.flag.com.tw/download.asp?FM631A**

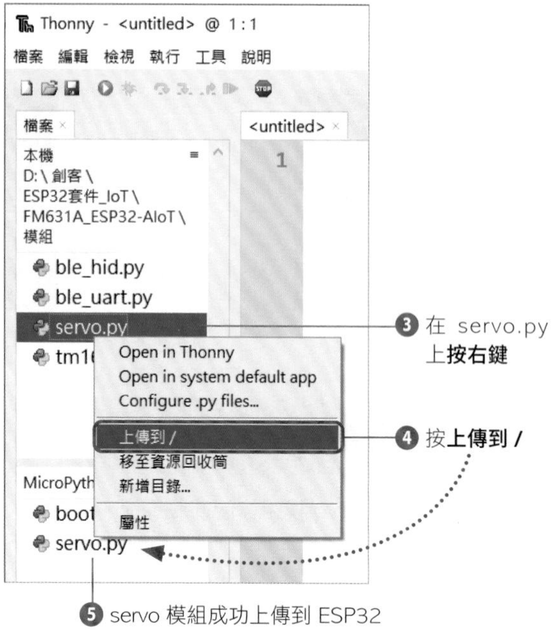

servo 模組

使用 servo 模組控制伺服馬達時需要先建立其物件：

```
>>> from servo import Servo       # 從 servo 模組匯入 Servo 類別
>>> from machine import Pin
>>> my_servo = Servo(Pin(22))     # 建立 Servo 物件
```

▲ 請注意大小寫。

建立 Servo 物件時，需要指定連接訊號線的腳位，所以要同時匯入 machine 模組，上面程式指定訊號線接到 ESP32 的 22 號腳位。建立完物件後，就可以使用 **write_angle()** 方法指定馬達角度：

```
>>> my_servo.write_angle(90)    # 指定馬達轉動到 90 度
>>> my_servo.write_angle(0)     # 指定馬達轉動到 0 度
```

程式設計

```
from servo import Servo
from machine import Pin
import time

# 建立伺服馬達物件
my_servo = Servo(Pin(22))

# 轉至 0 度
my_servo.write_angle(0)
time.sleep(1)
# 轉至 90 度
my_servo.write_angle(90)
time.sleep(1)
```

測試程式

請按 F5 執行程式，即可看到伺服馬達先轉至 0 度，等待 1 秒後，再轉至 90 度。

3-2 藍牙簡介

藍牙是一種無線通訊協定，它可以將多個裝置相連，並且互相傳送資料，以此形成區域網路。藍牙的種類可以細分為以下 2 種：

1. **Bluetooth Classic：典型 (Classic) 藍牙，可以傳送大量資料，但會快速消耗電量。**
2. **Bluetooth Low Energy：低功耗藍牙 (BLE)，用於傳送少量資料，耗電量較小，適合用於低電量的裝置。**

不過 MicroPython 只支援 BLE。在本套件中，我們會使用 **BLE** 實作遠端遙控。

3-3 藍牙序列埠通訊

USB 是現在電腦的基本配備，只要是有線的『滑鼠』和『鍵盤』都會使用到它。我們常見的 USB 線其實是由 4 條線所組成的，除了兩條電源線以外 (5V、GND)，另外兩條就是訊號線，**一條專門接收電腦送出去的資料，另一條則是送資料給電腦**。實際傳輸時是將資料一個一個位元依序傳送，因此稱為**序列埠通訊**：

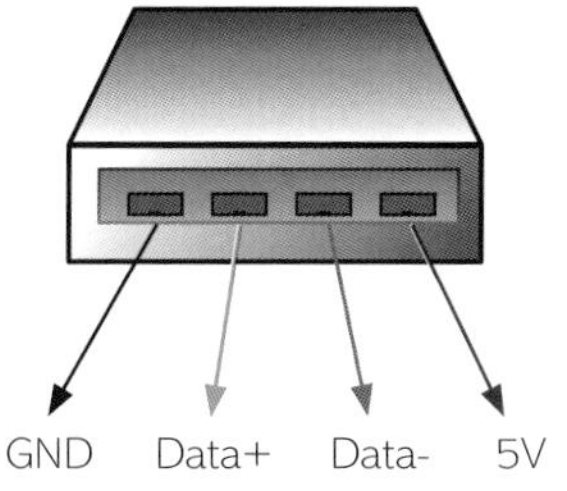

▲ USB 頭

藍牙序列埠通訊就是將剛剛的『有線』更改成『無線』，但是用同樣的序列方式傳送資料。接下來我們會將 ESP32 變成藍牙裝置，並使用手機透過**藍牙序列埠通訊**與 ESP32 相連，這樣就可以將資料傳送至手機，或是從手機傳送資料給 ESP32。

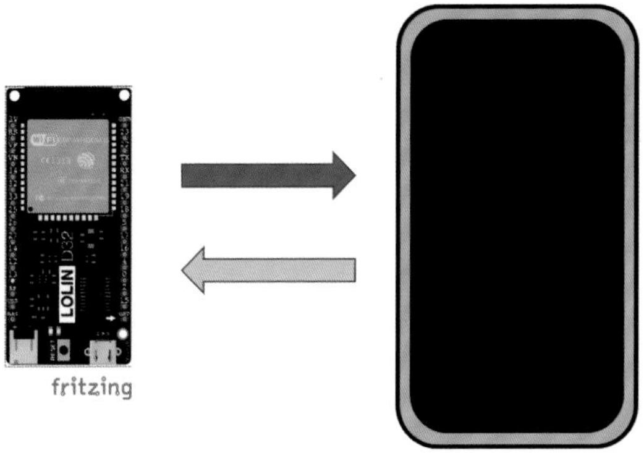

LAB03 門鎖遙控器

實驗目的	使用現成的手機 App 來控制伺服馬達轉動。
材料	**同 LAB02** • 手機 (Android 和 iPhone 皆可)

接線圖

同 LAB02

設計原理

ESP32 藍牙裝置

前面內容提到**藍牙序列埠通訊**可以讓 ESP32 與手機互相傳送資料。在使用**藍牙序列埠通訊**前需要先將 **ble_uart 模組**上傳到 ESP32：

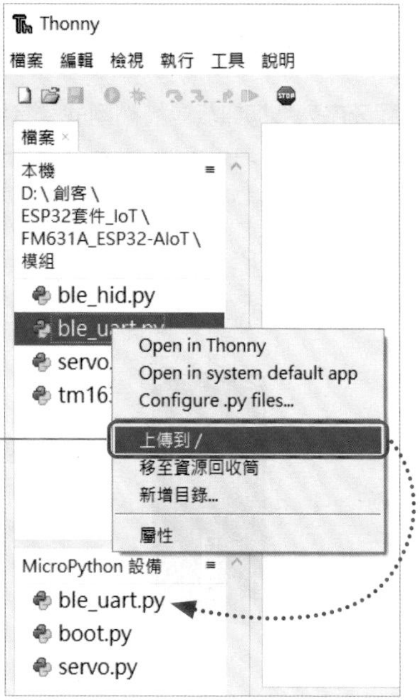

在 ble_uart.py 上按右鍵，並點選**上傳到 /**

上傳完畢後，即可匯入 **ble_uart 模組**：

```
>>> from ble_uart import BLE_UART   # 匯入 ble_uart 模組
```

匯入模組後，就可以建立**藍牙物件**：

```
>>> ble = BLE_UART("door_lock") # 建立藍牙物件, 並取名為 door_lock
```

BLE_UART() 的參數為**名稱**，也就是這個藍牙裝置顯示的名稱：

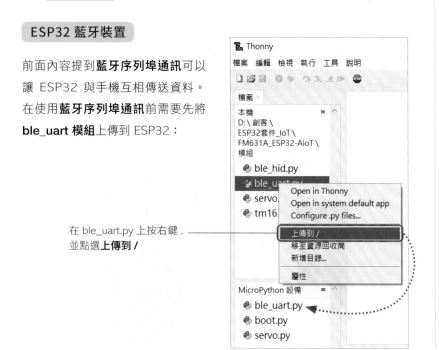

顯示名稱為 **door_lock**

⚠ 上面兩行程式碼可以輸入在 Thonny 的**互動環境**中，輸入完畢並執行後即可使用手機搜尋到名為 **door_lock** 的藍牙裝置。

⚠ 由 ble_uart 模組所建立的藍牙裝置**必須使用藍牙 App 連線**，因為手機預設並不知道怎麼與**序列埠通訊服務**連線。如果直接點擊上圖中的 **door_lock 藍牙裝置**，會顯示**無法與此裝置通訊**。

藍牙 App

在使用 ESP32 建立完藍牙物件後，就可以在藍牙列表中找到它，前面提過必須使用 App 才可以與它連線，所以接下來就來安裝手機的 App：

▲ 下面以 Android 手機為例，iPhone 則是到 App Store 搜尋相同 App 即可。

1 在 Play 商店搜尋 nrf connect

按下**安裝**

2 設定 App

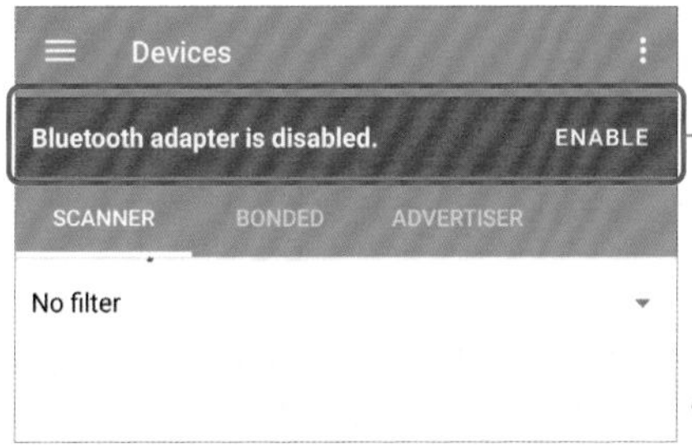

❶ 如果手機目前沒開啟藍牙，點擊 **ENABLE** 即可開啟

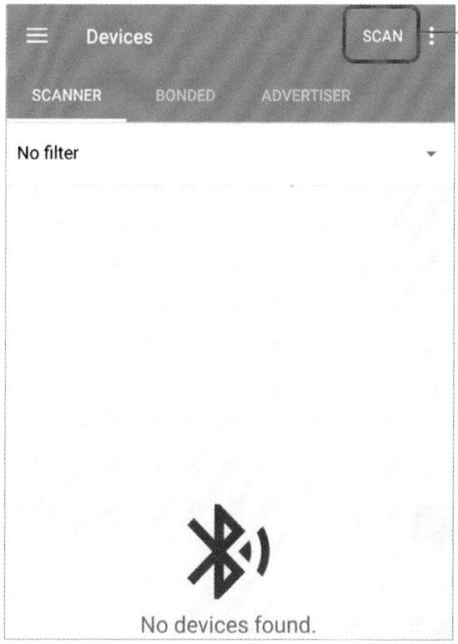

❷ 按 **SCAN** 來搜尋藍牙裝置

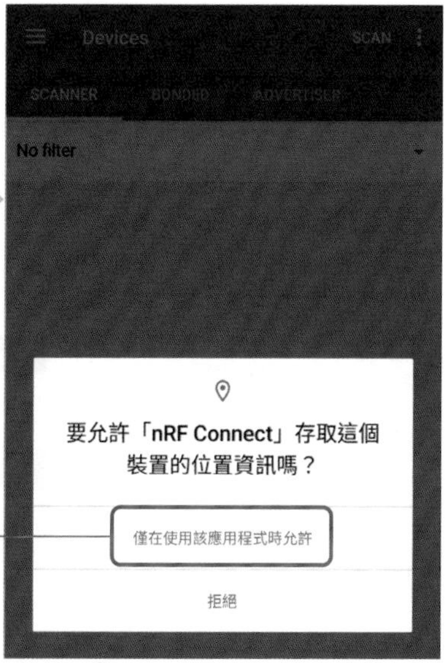

❸ 如有提醒需要**定位權限**，選擇**允許**

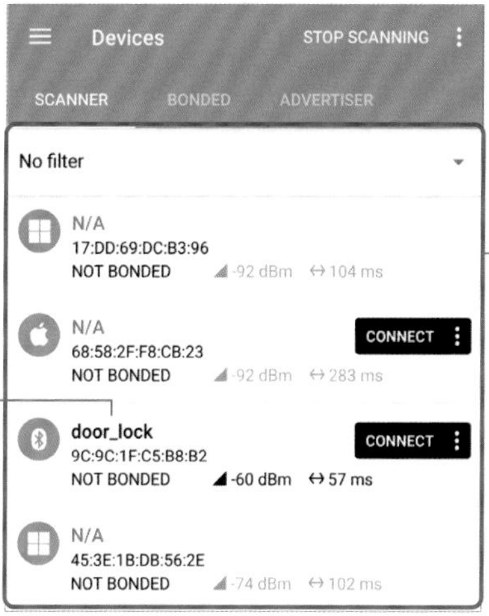

door_lock(ESP32)

稍等一下即可顯示搜尋到的藍牙裝置

App 傳送資料

搜尋到 ESP32 建立的藍牙裝置後，即可連接它：

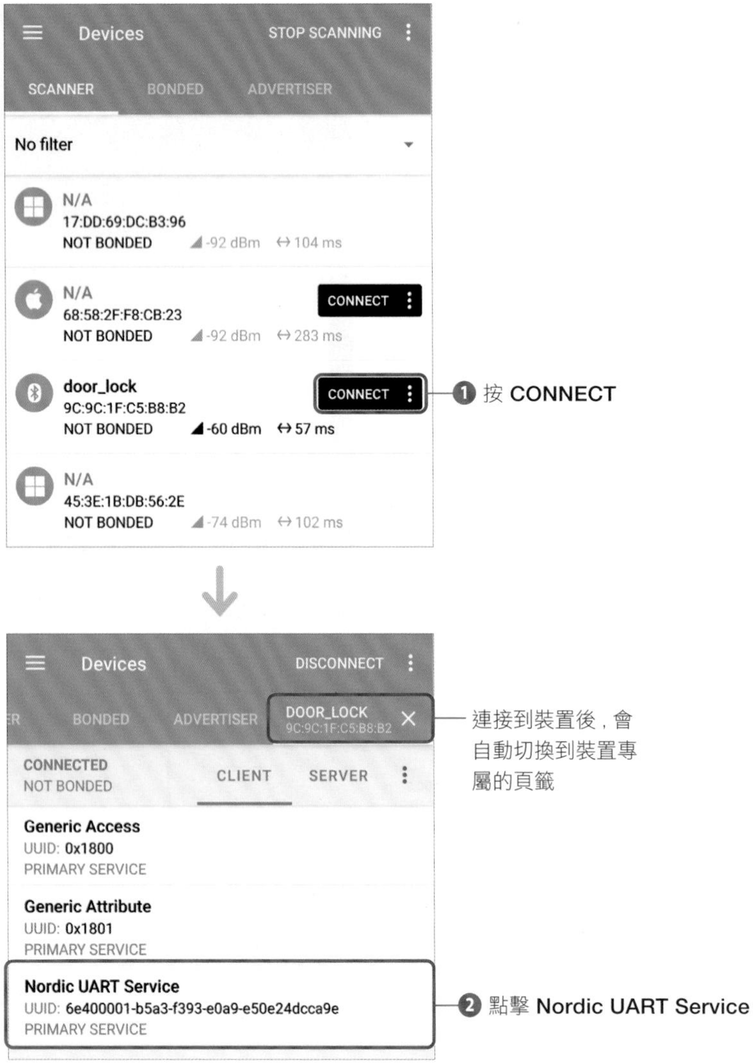

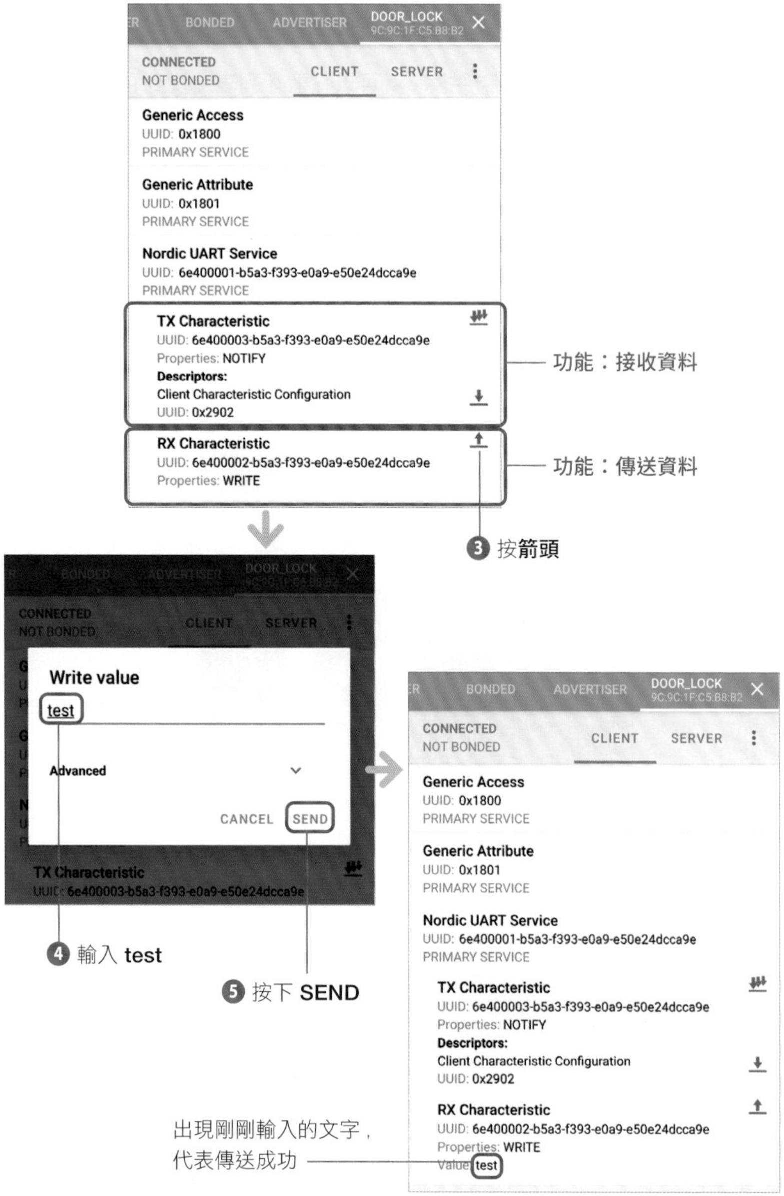

ESP32 接收資料

手機傳送資料後，ESP32 即可使用 **get() 方法**取得資料：

```
>>> ble.get()
'test'  <- 回傳值
```

程式設計

```
01  from ble_uart import BLE_UART
02  from servo import Servo
03  from machine import Pin
04
05  # 建立伺服馬達物件
06  my_servo = Servo(Pin(22))
07  # 建立藍牙物件
08  ble = BLE_UART("door_lock")
09
10  while True:
11      getValue = ble.get()
12      # 將取得的英文字母都更改為小寫
13      getValue = getValue.lower()
14      if(getValue == "open"):
15          # 轉至 0 度
16          my_servo.write_angle(0)
17          print("開啟")
18      if(getValue == "close"):
19          # 轉至 90 度
20          my_servo.write_angle(90)
21          print("關閉")
```

- 第 14-17 行：當接收到的資料為 **open**，伺服馬達的舵臂轉動到 0 度，表示開門。
- 第 18-21 行：當接收到的資料為 **close**，伺服馬達的舵臂轉動到 90 度，表示關門。

測試程式

請按 F5 執行程式，即可看到 ESP32 上的藍燈開始閃爍，並在 **Thonny 的互動環境**看到如右畫面：

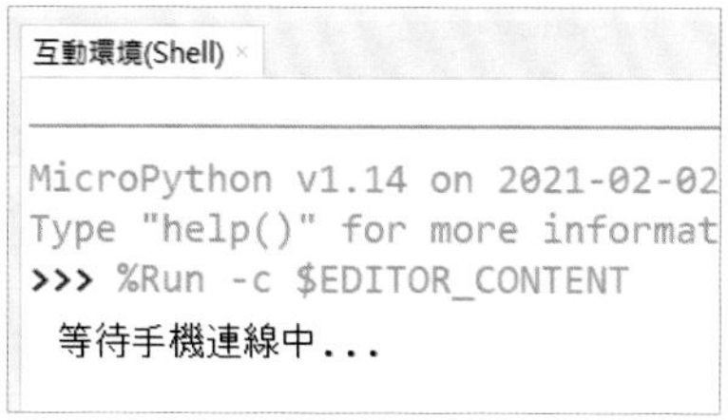

⚠ ble_uart 模組預設會使用 ESP32 的內建藍燈表達**目前連線狀態**。**藍燈閃爍**代表沒有裝置與 ESP32 連線；**藍燈恆亮**代表已有裝置與 ESP32 連線。除了控制藍燈以外，blu_uart 模組也會將目前連線狀態顯示於**互動環境**中，例如上圖中的『等待手機連線中…』，讓使用者可以確認目前狀態。

根據前面的內容，打開手機 App，並連接 **door_lock** 藍牙裝置：

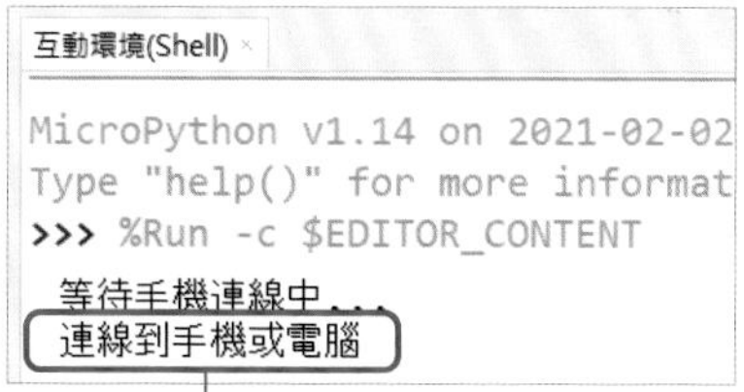

兩者連接後，Thonny 會出現**連接到手機或電腦**文字，**ESP32 的藍燈會恆亮**。

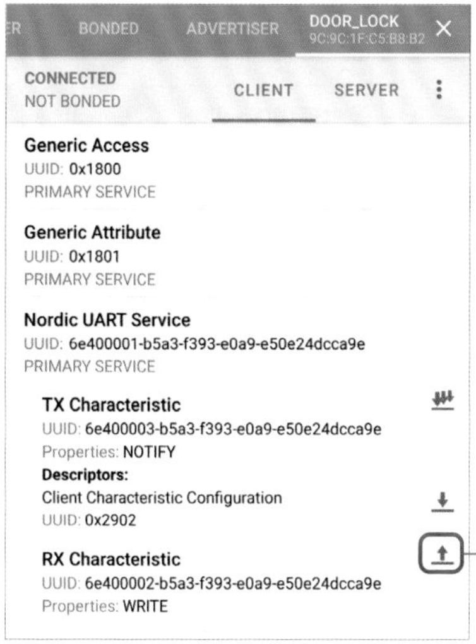

點擊箭頭

開門

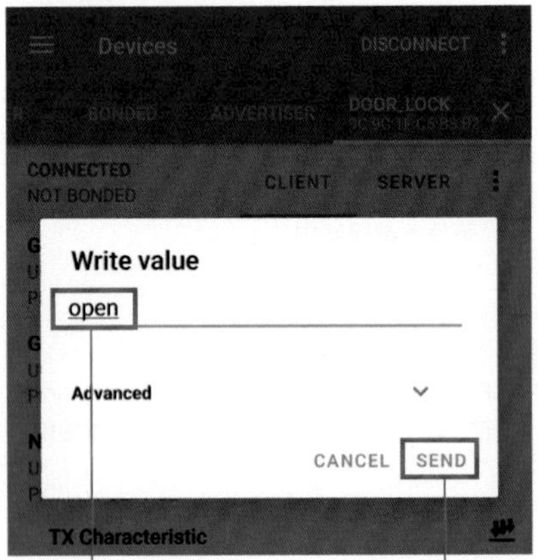

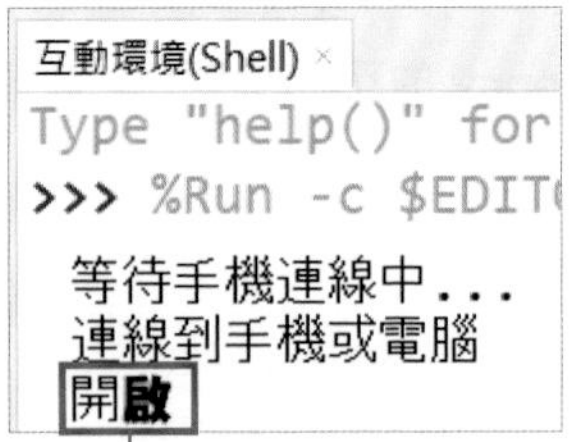

❶ 輸入 open　❷ 按 SEND

Thonny 會顯示**開啟**。
伺服馬達會轉動至 0 度

關門

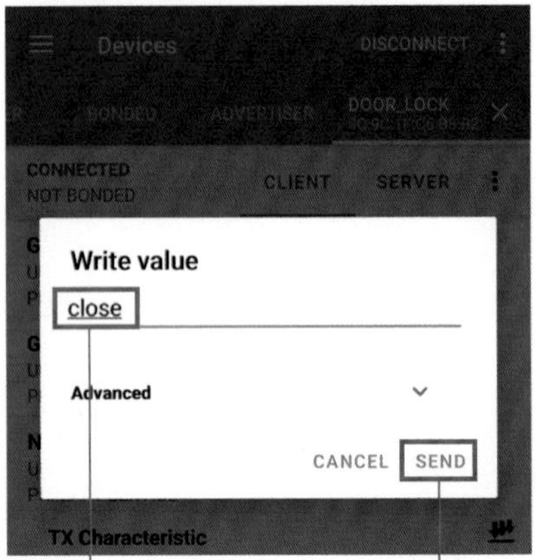

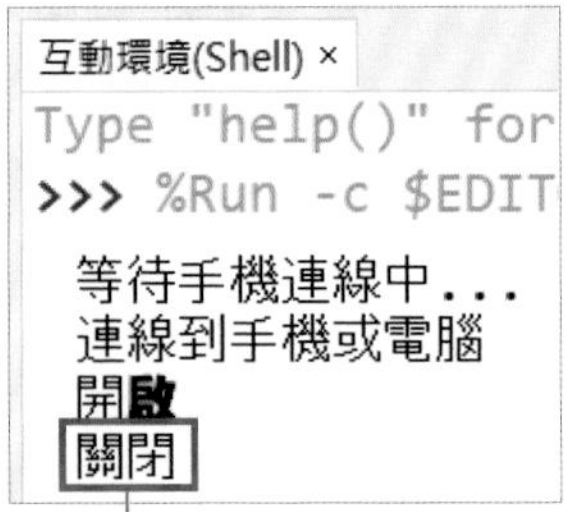

❶ 輸入 close　❷ 按 SEND

Thonny 會顯示**關閉**。
伺服馬達會轉動至 90 度。

3-4 溫度感測器

市面上有很多可以測試溫度的感測器，在本套件中我們使用**型號為 TMP36 的溫度感測器**，它的優點在於它只有 3 支腳位，接線容易，且寫程式時不須要匯入額外的模組：

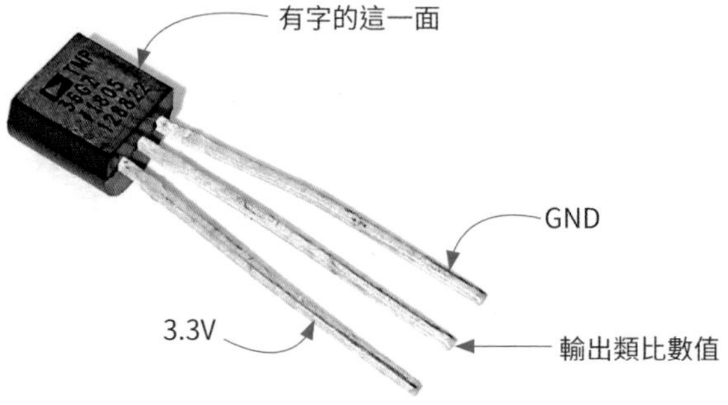

▲ 溫度感測器實體圖

它的左右兩腳要分別接上 3.3V 和 GND，而中間那隻腳則是**輸出 0~3.3V 之間與溫度值成正比的電壓**。

3-5 ESP32 類比輸入

GPIO 腳位除了像 **LAB01 閃爍 LED 燈**輸出電流外，還可以讀取**輸入訊號**。ESP32 可以藉由感測器輸出的電壓變化了解目前感測器的狀態，例如：聲音感測器接收到聲音時就會變化輸出電壓高低。

ESP32 的 GPIO 腳位不管是做為**輸出**還是**輸入**，都只有 " 高電位 (3.3V)" 和 " 低電位 (0V)" 2 種選項，沒有其他的電壓值。這種不連續的訊號變化稱為**數位訊號**：

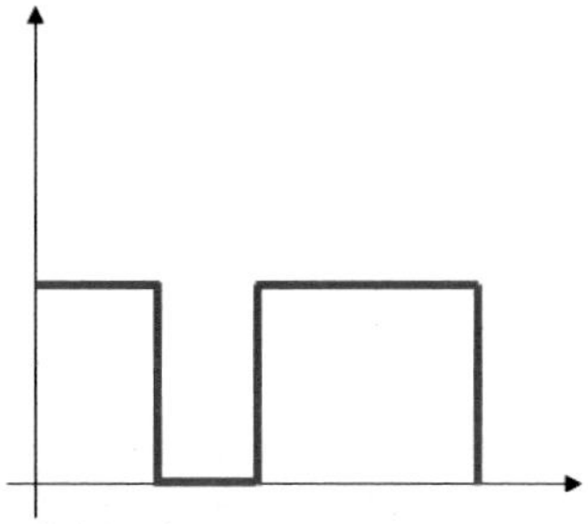

數位訊號

但現實生活中的訊號 (例如溫度) 在變化時，並不會只有 2 種值，例如溫度變化時會從 23 ℃ 慢慢變到 23.1 ℃, 中間的值有無限多種可能。這種**連續的變化**稱為『類比訊號』:

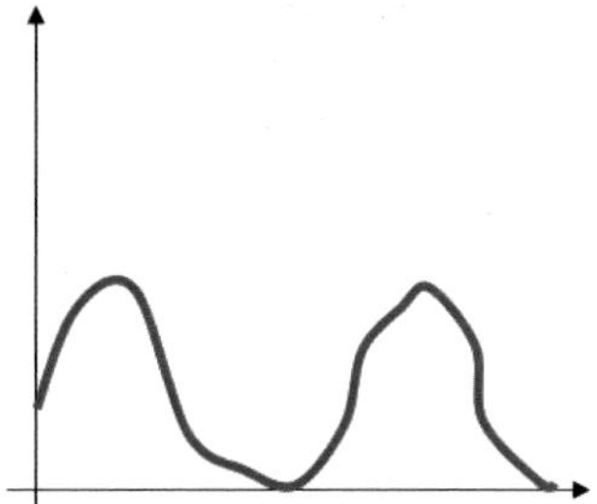

類比訊號

ESP32 在讀取類比訊號時，需要透過 **ADC(類比數位轉換器 Analog-to-Digital Conversion)**, 將類比訊號轉換成數位訊號。

使用 ADC 前，需要先選擇 ADC 的解析度。也就是要用**多少個位元**來表示類比訊號的值，位元數越多，可將類比值切分的更細：

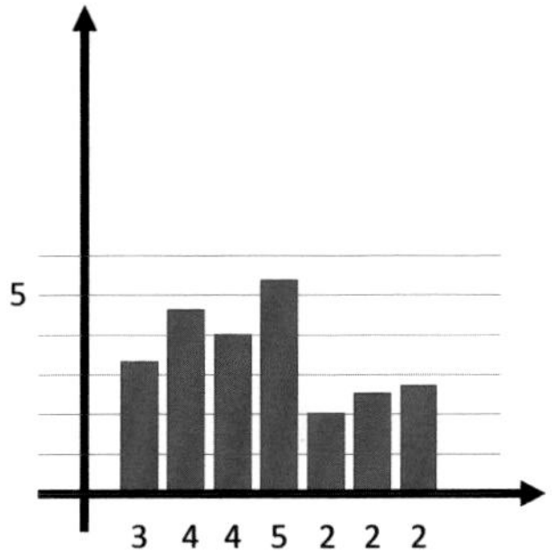

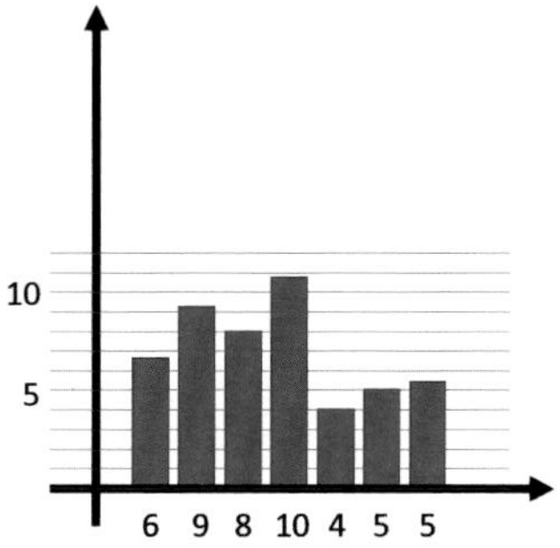

ESP32 可以選擇 **9bit、10bit、11bit 和 12bit** 的解析度。當選擇 9bit(9 位元) 時，就是將**低電位 (0V)~ 高電位 (ESP32 是 3.3V)** 轉換成 0~511 (511 = 2^9-1。其他位元以此類推), 所以讀取值為 $170(\cong \frac{511}{3})$ 時，大約就等於 $\frac{3.3V}{3} = 1.1V$ 的電壓。

軟體補給站

位元與二進位

位元 (bit) 是電腦中最小的單位，指的是**二進位**的一位。

二進位表示逢 2 進位，任何數都使用 0 或 1 組成，與我們平常生活常用的**十進位**關係如下：

二進位	十進位
00010001	17

二進位 0 0 0 1 0 0 0 1

十進位 $0\times2^7+0\times2^6+0\times2^5+1\times2^4+0\times2^3+0\times2^2+0\times2^1+1\times2^0=17$

上面例子中，二進位值 (00010001) 是由『8』個 0 和 1 組成，**8bit** 就是其解析度，8bit 的數值範圍為 00000000(十進位：0) 到 11111111(十進位：255)。從中可以了解到解析度越高 → 位元數越多 → 數值範圍越大 → 可將值切分更細。

ESP32 控制板的腳位中只有 32、33、34、VN 和 VP 腳位可以具備 ADC：

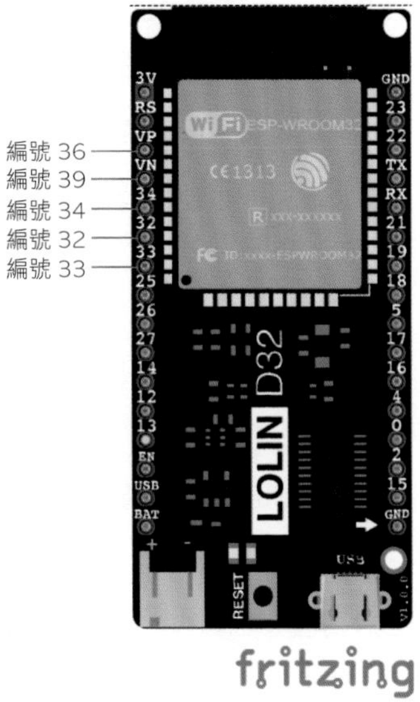

LAB04 量測溫度值

實驗目的	使用 ESP32 的類比輸入腳位讀取溫度感測器的輸出電壓，並轉換為溫度值。
材料	• ESP32 • TMP36 溫度感測器 • 杜邦線若干條 • 排針 • 麵包板

線路圖

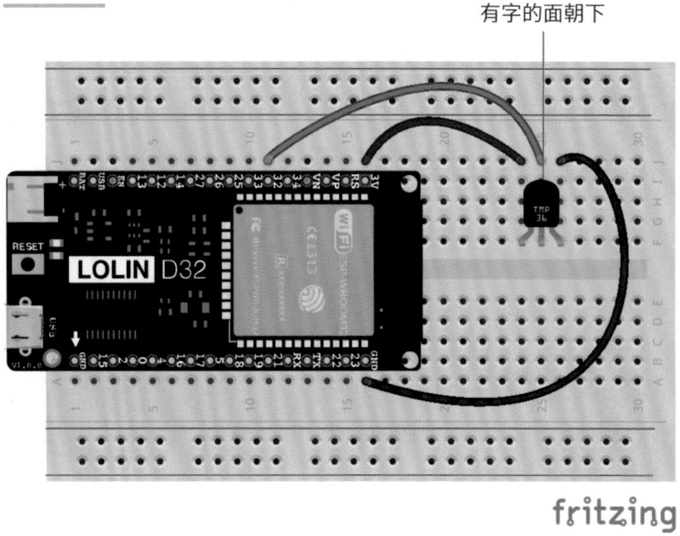

▲ 套件內的杜邦線為**公母頭**，需要將**母頭加上排針**才可以接到麵包板上。

ESP32	TMP36 溫度感測器
3V	左邊腳
32	中間腳
GND	右邊腳

設計原理

讀取 ADC 值

TMP36 溫度感測器的**輸出電壓**與**實際溫度**的關係如下：

$$實際溫度 = (輸出電壓 - 0.5) \times 100$$

我們需要先知道電壓才能得到溫度，電壓可以從 **ADC 值**推得。首先從 machine 模組匯入 ADC 來建立物件：

```
>>> from machine import Pin, ADC
>>> adc_pin = Pin(32)
>>> adc = ADC(adc_pin)              # 建立 ADC 物件
```

在**線路圖**中，溫度感測器的類比輸出腳位接至 32 腳位，所以使用 32 來當作 **ADC()** 的參數值。

前面提到 ADC 的解析度有分成 9bit~12bit, bit 越高代表解析度越高，也就是同一筆資料分得更細，越能觀察到細微的變化。

在本實驗中，會希望得到的溫度值越精確越好，所以使用 **width() 方法**將 **ADC 的解析度設定為最高的 12bit**：

```
>>> adc.width(ADC.WIDTH_12BIT)    # 設定 ADC 解析度為 12bit
```

設定完解析度後，接下來要設定『最大感測電壓』。

ESP32 的最大感測電壓預設為 1V, 代表只要 ADC 腳位接收超過 1V 的電壓，得到的 ADC 值就是峰值 4095(12bit 解析度的情況下)。最大感測電壓總共有 4 種參數可以選擇：

參數	最大感測電壓
ADC.ATTN_0DB	1V
ADC.ATTN_2_5DB	1.34V
ADC.ATTN_6DB	2V
ADC.ATTN_11DB	3.6V

由於溫度感測器輸出的電壓最大只會到 3.3V, 所以選擇 3.6V 當作**最高感測電壓**，並使用 **atten() 方法**來設定：

```
>>> adc.atten(ADC.ATTN_11DB)      # 將最大感測電壓設定成 3.6V
```

都設定完畢後，就可以使用 **read() 方法**取得 ADC 值：

```
>>> adc.read()
```

電壓轉換

現在已經得到 ADC 值了，就準備將它轉換回電壓。電壓與 ADC 值的關係如下：

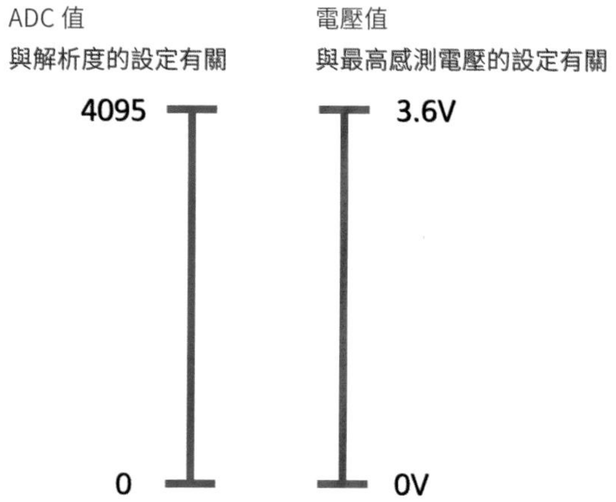

而根據上圖，就可以得到它們兩者間的公式：

$$輸出電壓 = (\frac{ADC值}{4095}) \times 3.6$$

程式設計

```
from machine import Pin, ADC
import time

# 溫度感測器
adc_pin=Pin(32)
adc = ADC(adc_pin)              # 建立 ADC 物件
adc.width(ADC.WIDTH_12BIT)      # 設定 ADC 解析度
adc.atten(ADC.ATTN_11DB)        # 將最大感測電壓設定成 3.6V

while True:
    vol = (adc.read()/4095)*3.6
    tem = (vol-0.5)*100
    print("目前溫度:", tem)     # 顯示溫度值
    time.sleep(1)
```

測試程式

請按 F5 執行程式，即可看到 **Thonny 的互動環境**每隔一秒顯示一次目前溫度：

```
MicroPython v1.14 on
Type "help()" for mor
>>> %Run -c $EDITOR_C
 目前溫度: 23.75824
 目前溫度: 23.75824
 目前溫度: 23.23077
```

▲ 如果溫度值太高 (大於 40 度) 或太低 (小於 0 度), 可以回到**線路圖**檢查接線是否正確。

3-6 手機溫度監控站

在 LAB04 中我們將溫度值顯示在電腦螢幕上，但如果每次確認溫度都需要到電腦前，實在有點不方便，所以我們希望可以透過藍牙將溫度值傳到手機，方便隨時確認。

LAB05 手機溫度監控站

實驗目的	透過 ble_uart 模組將溫度資料傳送到手機 App
材料	**同 LAB04** ● 手機 (Android 和 iPhone 皆可)

線路圖

同 LAB04

設計原理

與 LAB03 一樣，需要先將 ESP32 變成藍牙裝置，再使用手機 App 連上 ESP32, 接下來開始讀取溫度值，並將值藉由 **send() 方法**傳送到手機：

```
ble.send(資料)
```

send() 方法的參數為『要傳送的資料』, 且格式需要是**字串 (String)**, 如果目前的資料不是字串，可以使用**內建函式 str()** 轉換，例如：

```
ble.send(str(123))
```

程式設計

```
from machine import Pin, ADC
import time
from ble_uart import BLE_UART

adc_pin=Pin(32)
adc = ADC(adc_pin)              # 建立 ADC 物件
adc.width(ADC.WIDTH_12BIT)      # 設定 ADC 範圍為 12BIT
adc.atten(ADC.ATTN_11DB)        # 將最大感測電壓設定成 3.6V

ble = BLE_UART("temperature")

while True:
    vol = (adc.read()/4095)*3.6
    tem = (vol-0.5)*100
    print("目前溫度:", tem)
    # 傳送溫度值
    ble.send('temperature:'+ str(tem))
    time.sleep(1)
```

測試程式

請按 F5 執行程式，即可看到 ESP32 上的藍燈開始閃爍，並在 **Thonny 的互動環境**看到以下畫面：

```
互動環境(Shell)
>>> %Run -c $EDITOR_CONTENT
等待手機連線中...
目前溫度: 31.05494
目前溫度: 31.31868
目前溫度: 30.96703
目前溫度: 31.58242
目前溫度: 31.67033
目前溫度: 30.7912
目前溫度: 31.49451
目前溫度: 31.49451
目前溫度: 31.67033
目前溫度: 31.49451
```

出現**等待手機連線中…**和**目前溫度**

接下來打開手機 App，並連接 **temperature** 藍牙裝置：

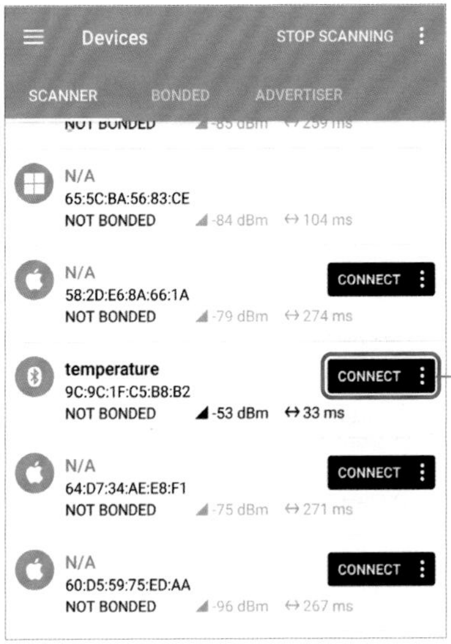

❶ 按 temperature 裝置的 **CONNECT**

❷ 出現**連接到手機或電腦**，且 **ESP32 的藍燈會恆亮**。

```
互動環境(Shell)
目前溫度: 31.05494
目前溫度: 31.67033
連線到手機或電腦
目前溫度: 31.31868
目前溫度: 31.31868
目前溫度: 31.58242
目前溫度: 31.67033
目前溫度: 31.14285
目前溫度: 31.75824
```

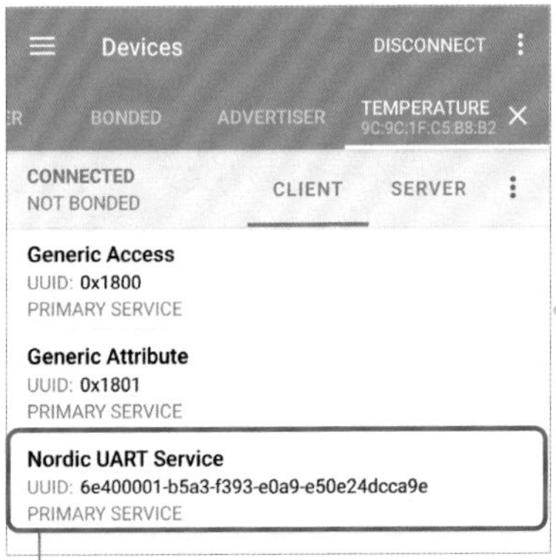

❸ 點開 **Nordic UART Service**

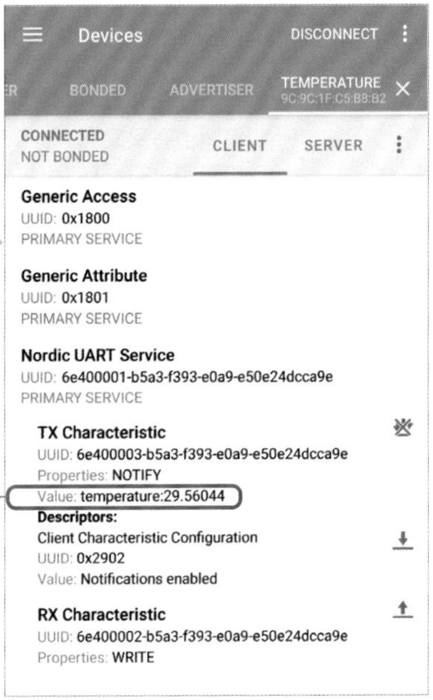

ESP32 傳送過來的資料，每一秒會更新一筆

如果沒有自動更新，可以檢查此圖示是否包含**叉叉**

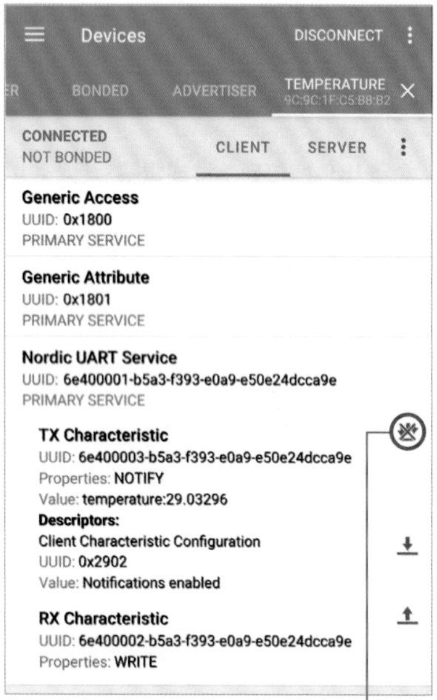

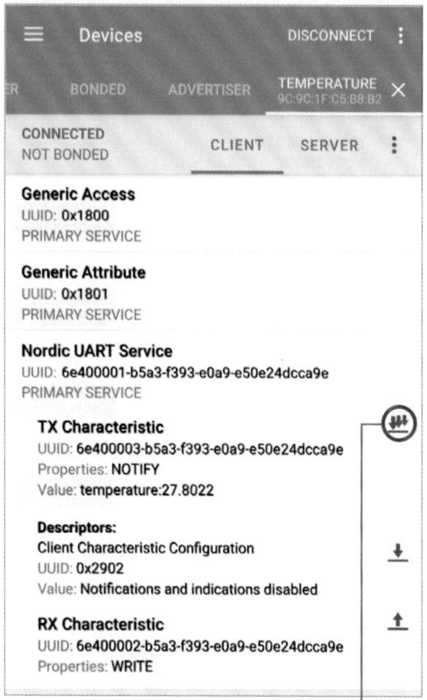

箭頭上有**叉叉**，才會自動更新資料

若箭頭上沒有**叉叉**，就不會自動更新資料。只要按下圖示即可自動更新資料。

到此我們就完成 BLE 的雙向傳輸，但如果現在我們無法在門鎖或是溫度計附近，這樣就無法使用藍牙傳輸，這該怎麼辦呢？想要解決此問題，就需要使用到接下來的內容：**網際網路**。

MEMO

CHAPTER 04

防盜監測站

你現在手邊有一個對你非常重要的物品，為了避免其他人拿走它，你將它放進自己的收藏盒內，但這個收藏盒並沒有防盜機制，裡面的東西很容易就不翼而飛。為了避免這種狀況發生，我們就需要一個防盜監測站，讓它通知你是否有人開啟收藏盒。

4-1 霍爾感測器

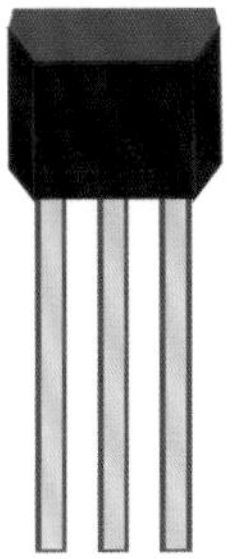

▲ 電子材料行可看到的**霍爾感測器外觀**

ESP32 晶片。以內建霍爾感測器

在第 1 章中我們曾經提過 ESP32 有內建**霍爾感測器**，那什麼是霍爾感測器呢？霍爾感測器為**磁場**感測器，它可以將磁場的變化轉換成電壓的變化：

磁鐵距離會影響電壓大小

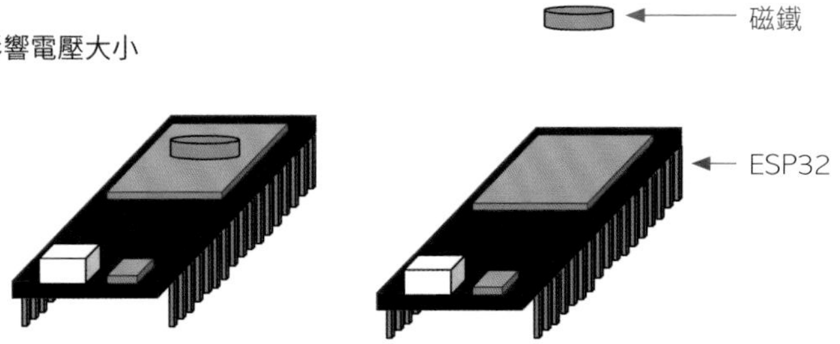

不同極性會影響電壓大小

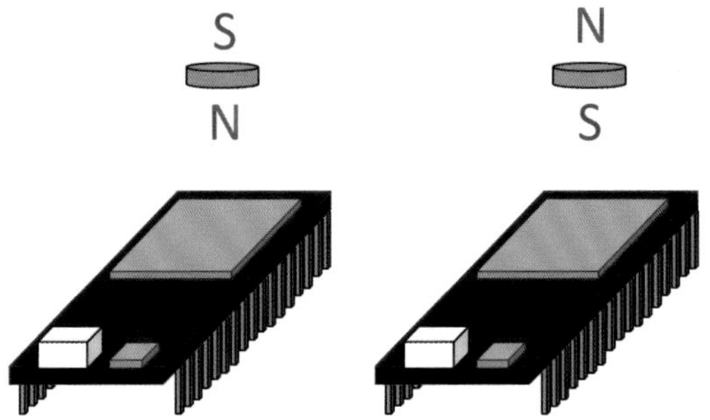

LAB06 防盜收藏盒

實驗目的	使用 ESP32 內建的霍爾感測器確認磁鐵遠近，並在大於一定距離後，顯示收藏盒已被開啟。
材料	• ESP32 • 磁鐵

接線圖

無

設計原理

霍爾感測器值

在程式中要使用內建的霍爾感測器需要匯入 **esp32 模組**：

```
>>>  import esp32
```

接下來使用 esp32 的 **hall_sensor() 方法**即可得到霍爾感測器的值：

```
>>>  esp32.hall_sensor()
76 ← 回傳值。當沒有磁鐵靠近時，感測值會在 75 上下
```

▲ 使用 ESP32 的內建霍爾感測器時，VP 和 VN 腳位無法使用。

接下來將磁鐵靠近 ESP32 晶片，並再次執行 **hall_sensor() 方法**：

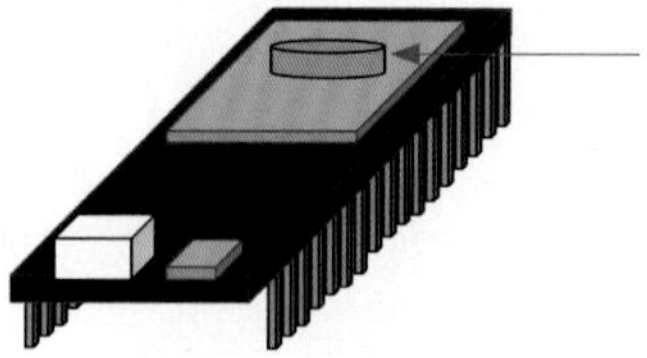

磁鐵可以直接放在
ESP32 晶片上

```
>>>  esp32.hall_sensor()
300 ← 回傳值。磁鐵貼到 ESP32 時，感測值會在 300 上下
```

因此磁鐵靠近，所以感測值會發生變化。但如果你看到的感測值是**負數**，例如：

```
>>>  esp32.hall_sensor()
-200 ← 回傳值。
```

這是因為**極性不同 (N 或 S)**，只需要將磁鐵翻面即可得到正值。

▲ 如果磁鐵靠近 ESP32 晶片後數值沒有變化，請確認有將磁鐵放到晶片 (銀色區塊) 的**正中間**。

防盜感測

我們希望可以使用霍爾感測器當作防盜裝置，因此您可以自行設計如下的收藏盒：

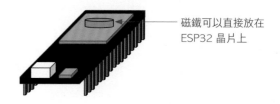

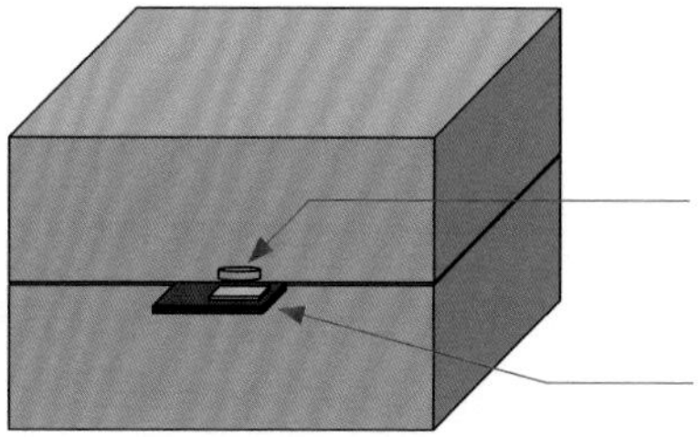

磁鐵在上層
ESP32 在下層

當有人開啟蓋子時，磁鐵就會遠離 ESP32，霍爾感測器的值就會產生變化，感測值與距離關係如右：

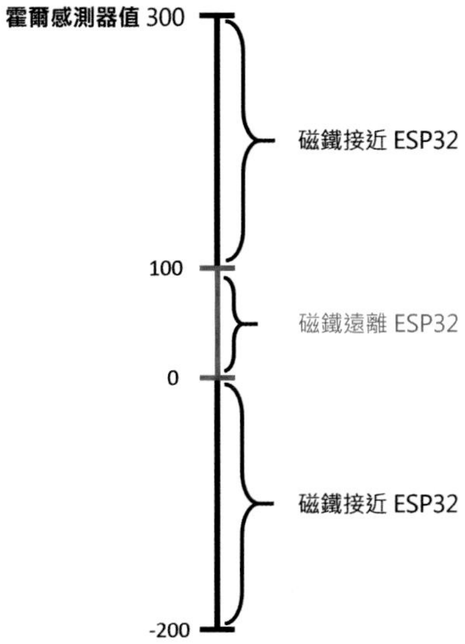

因此只要感測值介於 0 到 100 之間，就代表你的收藏盒已被開啟。

程式設計

```
import esp32
import time

while True:
    # 霍爾感測值
    hall = esp32.hall_sensor()
    print(hall)
    # 如果磁鐵距離太遠
    if(hall<100 and hall>0):
        print("收藏盒已開啟")
    time.sleep(0.1)
```

測試程式

先將磁鐵放在 **ESP32 晶片上**，並按 F5 執行程式，即可看到**互動環境**開始顯示霍爾感測器讀取到的值：

```
互動環境(Shell)
334
327
327
324
324
326
325
327
```

或是

```
互動環境(Shell)
-121
-124
-120
-127
-126
-120
-122
-122
-118
```

這兩者都代表磁鐵很靠近 ESP32 晶片。接下來將磁鐵遠離 ESP32，模擬打開收藏盒的狀況，即可看到**互動環境**顯示『收藏盒已開啟』和目前的感測值：

```
互動環境(Shell)
26
收藏盒已開啟
30
收藏盒已開啟
22
收藏盒已開啟
27
收藏盒已開啟
44
收藏盒已開啟
29
收藏盒已開啟
```

4-2 網際網路連線

前一節使用霍爾感測器確認了目前收藏盒的狀態，但與第 3 章的溫度感測器一樣，我們不太可能一直到電腦前檢查，而是希望盒子被開啟時，能夠自動通知我們。在這一章中，要使用**自動傳送 LINE 訊息**提醒我們，而這就需要使用到**網路連線**功能了。

在第 1 章我們提過 ESP32 除了藍牙功能外，還包含**網路功能**。使用網路功能時，需要匯入內建的 **network 模組**，利用其中的 **WLAN 類別**建立控制無線網路的物件：

```
>>> import network
>>> sta = network.WLAN(network.STA_IF)
```

使用 **WLAN 類別**建立無線網路物件時，有 2 種網路介面可以選擇：

網路介面	說明
network.STA_IF	工作站 (station) 介面，專供連上現有的 Wi-Fi 無線網路基地台，以便連上網際網路
network.AP_IF	熱點 (access point) 介面，可以讓 ESP32 變成無線基地台，建立區域網路

由於我們要讓 ESP32 傳送 LINE 訊息，必須連上網際網路，所以要使用**工作站 (station) 介面**。建立完網路物件後，要先啟用網路介面：

```
>>> sta.active(True)
```

參數 True 表示啟用網路介面；如果傳入 False 則會停止網路介面。接著，就可以嘗試連上無線網路：

```
>>> sta.connect('無線網路名稱','無線網路密碼')
```

其中的 2 個參數就是**無線網路名稱與密碼**，請注意大小寫要正確，才不會連不上指定的無線網路。例如我的 WiFi 基地台的名稱為 **FLAG**，密碼為 **12345678**，只要如下呼叫 **connect() 方法**即可連上基地台：

```
>>> sta.connect('FLAG','12345678')
```

為了確保 ESP32 連上基地台後再繼續執行後續的網路相關程式，通常會在呼叫 connect() 之後使用 **isconnected() 方法**確認已連上基地台，例如：

```
>>> while not sta.isconnected():
        pass

>>>
```

上例中的 **pass** 是一個特別的敘述，它的實際效用是**甚麼也不做**，當你必須在迴圈中加入程式區塊才能維持語法正確性時，就可以使用 pass，由於它什麼也不會做，就不必擔心會造成任何意外的副作用。上例就是持續檢查是否已經連上指定基地台，如果沒有，就往 while 迴圈的下一輪繼續檢查連網狀況。

到此我們就成功讓 ESP32 連上網際網路，接下來就準備傳送 LINE 訊息。

4-3 使用 IFTTT 傳送 LINE 訊息

要傳送 LINE 訊息，正規的方式是使用 LINE 提供的 API，不過這個 API 比較複雜，如果只是單傳要傳送 LINE 訊息，可以採用其他簡單的方式，本章要透過 IFTTT 網路服務來幫我們傳送 LINE 訊息。

IFTTT 是英文 "IF This, Then That" 的縮寫，它是一個網路服務，其服務的精神就是『如果發生 A 事件然後就執行 B 動作』。例如**霍爾感測值介於 0 到 100 間 (Ⓐ)** 就**傳送 LINE 訊息 (Ⓑ)**，這樣的規則稱為一個**程序 (applet)**：

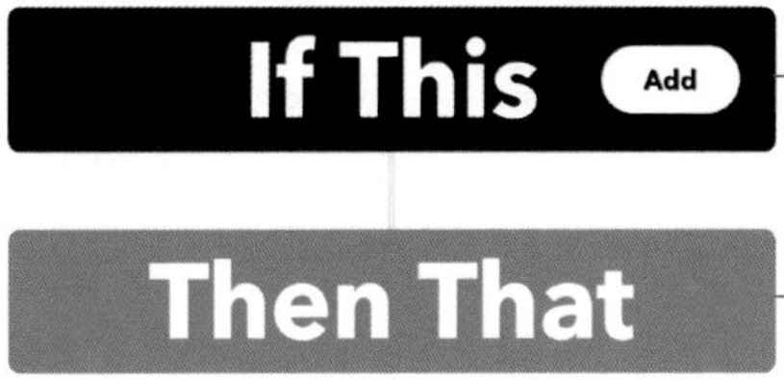

A

B

要使用 IFTTT 服務前，請先到 IFTTT 網站 (**https://ifttt.com/**) 註冊會員：

❶ 按 Get started

❷ 您可以使用既有的 Apple、Google 和 Facebook 帳號註冊，或者用**電子郵件**註冊新的帳號。我們選擇使用其他信箱，按下 sign up

❸ 輸入 Email 信箱作為會員帳號

❹ 輸入會員密碼

❺ 點選 Sign up 完成註冊

註冊完畢後，請如下設定 LINE 通知功能：

❶ 按 Create

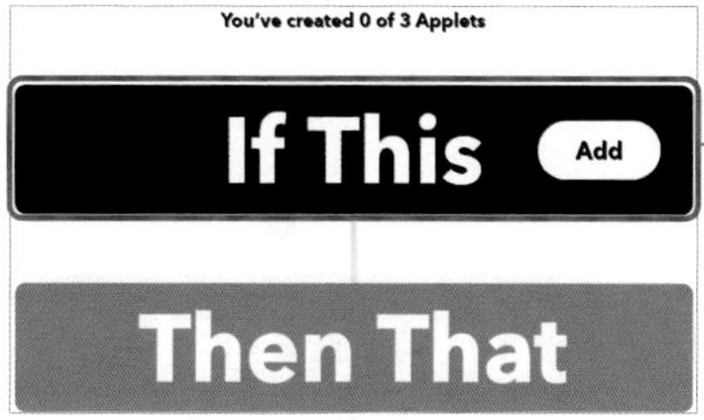

❷ 設定事件 A，點選 If This

⚠ 免費帳號同一時間只能建立 3 個程序

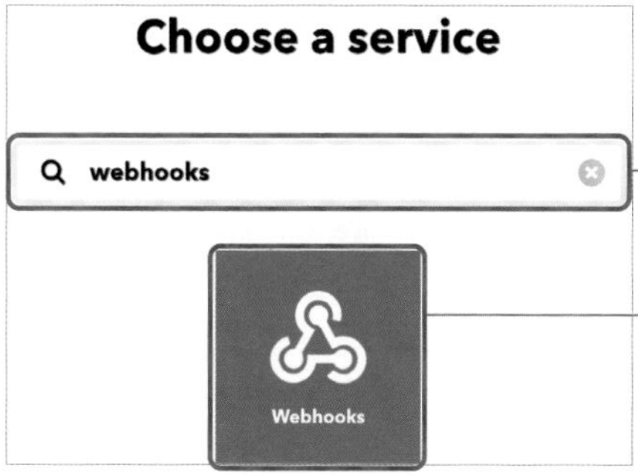

❸ 輸入 webhooks

❹ 點選 Webhooks 圖示

⚠ Webhooks 可以讓外部程式透過**網頁請求**驅動 IFTTT 的 IF 條件。

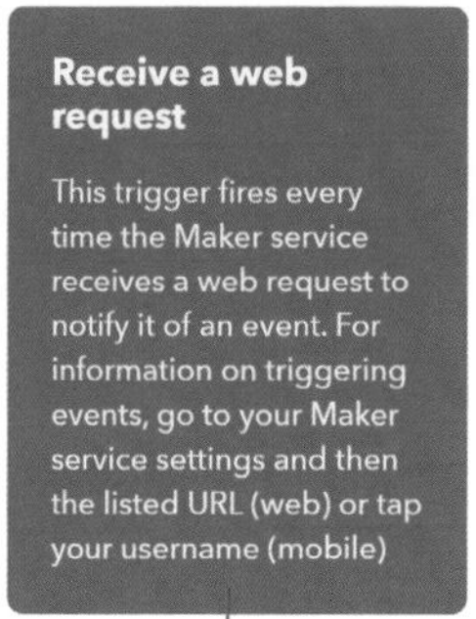

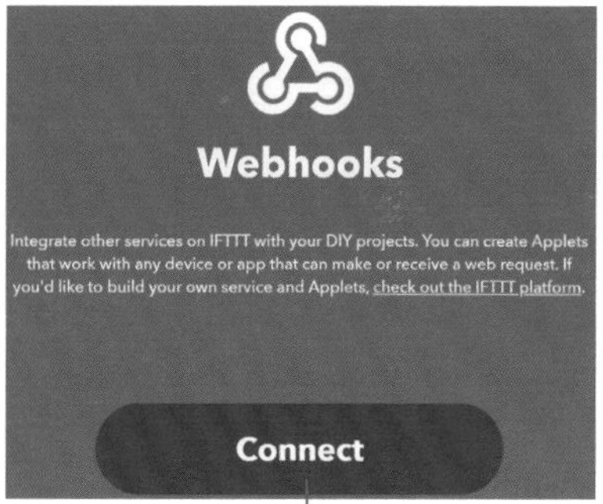

❺ 選擇 Receive a web request 功能

❻ 按 Connect

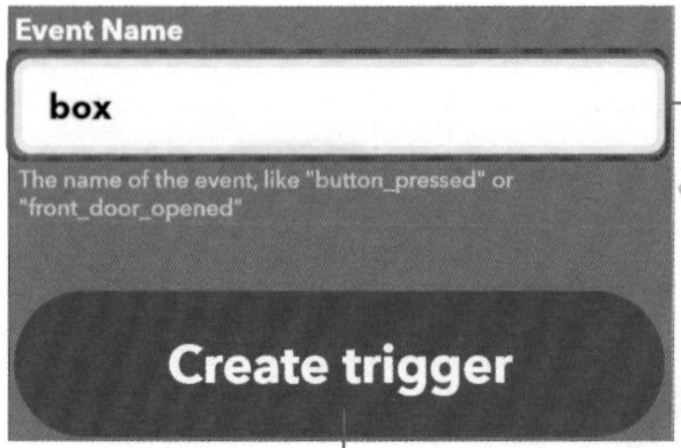

❼ 輸入 box

❽ Create trigger

❾ 設定動作 B, 點選 Then That

請如下設定動作 B：

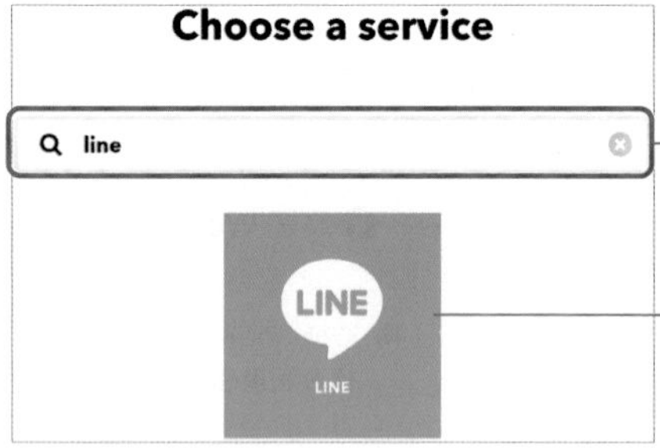

❶ 輸入 line

❷ 點選 LINE 圖示

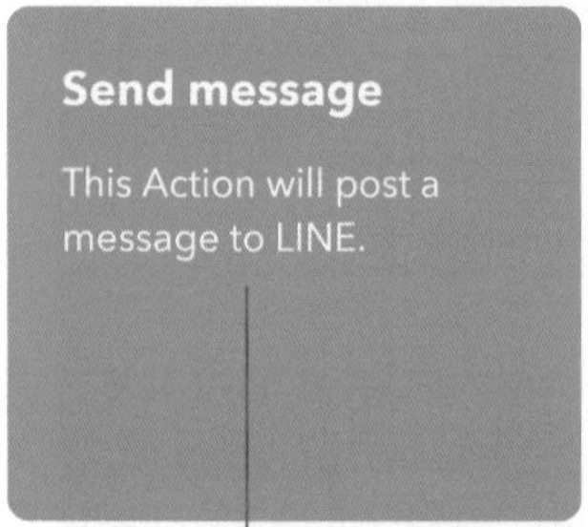

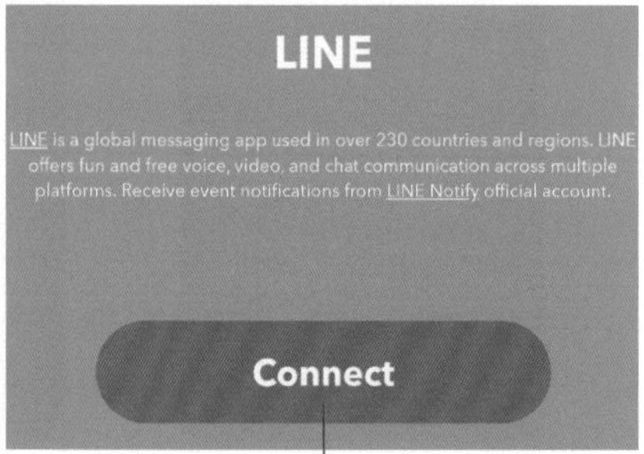

❸ 選擇 Send message 功能

❹ 按 Connect

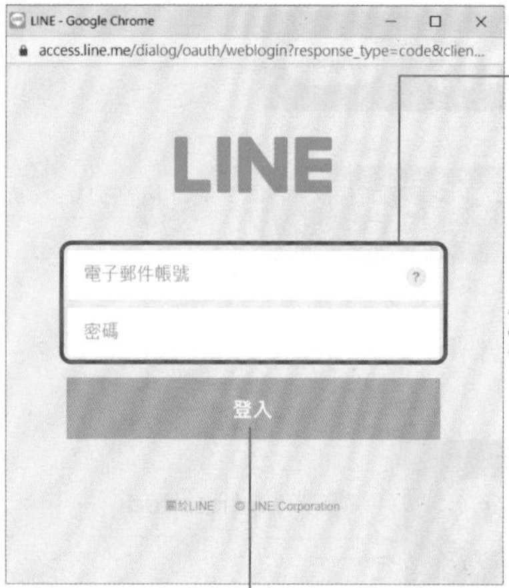

❺ 輸入 LINE 帳號、密碼

❻ 按登入

❼ 按同意並連動

❽ 刪除原內容，並輸入盒子被打開了 !!!

❾ 按 Create action

❿ 按 Continue

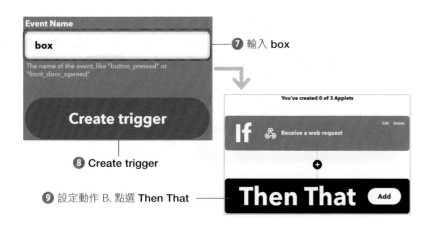

⓫ 按 Finish

到此就完成所有設定，接下來測試看看程序是否可以正常執行：

① 點選 Webhooks 圖示
② 按 Documentation
Documentation
Webhooks
If Maker Event "box", then Send message
Edit title
by s9004500
Applets
Applets connect two or more services together and help you do something that you couldn't do with just one service alone.
Got it
Connected

Documentation 頁面可以看到 **key** 和 **HTTP 請求**：

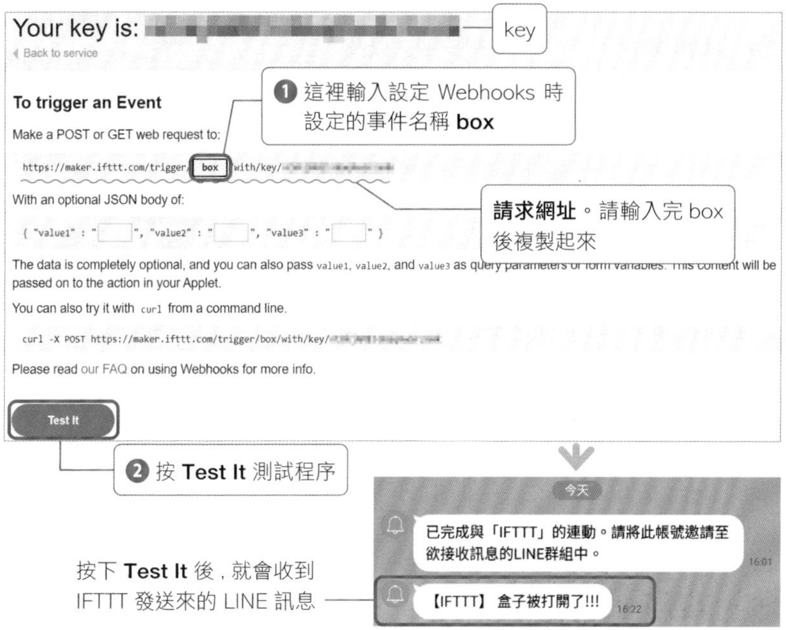

Your key is:
key
Back to service
To trigger an Event
Make a POST or GET web request to:
① 這裡輸入設定 Webhooks 時設定的事件名稱 box
https://maker.ifttt.com/trigger/box/with/key/
請求網址。請輸入完 box 後複製起來
With an optional JSON body of:
{ "value1" : " ", "value2" : " ", "value3" : " " }
The data is completely optional, and you can also pass value1, value2, and value3 as query parameters or form variables. This content will be passed on to the action in your Applet.
You can also try it with curl from a command line.
curl -X POST https://maker.ifttt.com/trigger/box/with/key/
Please read our FAQ on using Webhooks for more info.
Test It
② 按 Test It 測試程序
今天
已完成與「IFTTT」的連動。請將此帳號邀請至欲接收訊息的LINE群組中。
16:01
【IFTTT】 盒子被打開了!!!
16:22
按下 Test It 後，就會收到 IFTTT 發送來的 LINE 訊息

請將剛剛的請求網址複製起來，稍後會用於 ESP32 的程式中。

LAB07 防盜收藏盒 - LINE 通知

實驗目的	使用霍爾感測器確認收藏盒是否被打開，如果是則發出 LINE 通知
材料	同 LAB06

線路圖

同 LAB06

設計原理

現在我們已經有 **IFTTT 的請求網址**，接下來要使用 ESP32 發出請求，需要匯入內建模組 **urequests**，它可以讓程式扮演瀏覽器的腳色來連線網路服務：

```
>>> import urequests
```

匯入模組後，使用 **get() 方法**即可發出請求：

```
>>> response = urequests.get("請求路徑")
```

⚠ get 代表 HTTP 協定中的 GET 方法，但因本書篇幅有限，無法詳敘 HTTP，有興趣者可以自行參考相關資料。

發出請求後，就可以使用 **close() 方法**關閉與網路服務的連線：

```
>>> response.close()
```

程式設計

```
01 import esp32
02 import time
03 import network      # 匯入 network 模組
04 import urequests    # 匯入 urequests 模組
05
06 # IFTTT 網址
07 url = 'IFTTT 請求網址'
08
09 # 連線至無線網路
10 sta=network.WLAN(network.STA_IF)
11 sta.active(True)
12 # 更換無線網路名稱、密碼
13 sta.connect('無線網路名稱','無線網路密碼')
14
15 while not sta.isconnected():
16     pass
17
18 print('Wi-Fi 連線成功')
19
20 while True:
21     # 霍爾感測值
22     hall = esp32.hall_sensor()
23     print(hall)
24     # 如果磁鐵距離太遠
25     if(hall<100 and hall>0):
26         print("發送警訊!!!!")
27         res = urequests.get(url)
28         if(res.status_code == 200):
29             print("傳送成功")
30         else:
31             print("傳送失敗")
32             print("錯誤碼：", res.status_code)
33         res.close()
34         time.sleep(10)
35     time.sleep(0.1)
```

- 第 7 行：將剛剛 IFTTT 網頁複製的請求路徑貼到兩個單引號中間。
- 第 13 行：填入無線基地台的名稱和密碼 (可參考 P.38)。
- 第 24-27 行：當盒子被打開時，發出請求通知 IFTTT 發送 LINE 訊息。
- 第 28-32 行：在發出 HTTP 請求後，伺服器會回傳**狀態碼**，告知發出請求的裝置是否成功。**狀態碼 200** 代表請求成功。
- 第 34 行：為了避免一直發送訊息，因此增加 10 秒暫停。

測試程式

先將磁鐵放在 **ESP32 晶片上**，並按 F5 執行程式，當 ESP32 連上指定無線基地台後，即可看到**互動環境**顯示『Wi-Fi 連線成功』以及『霍爾感測值』:

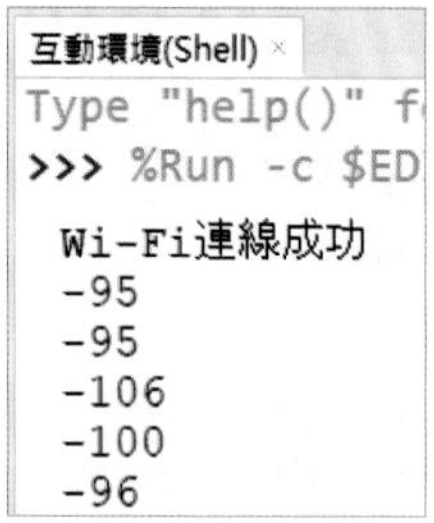

接下來將磁鐵遠離 ESP32，即可看到**互動環境**顯示『發送警訊 !!!!』和『傳送成功』:

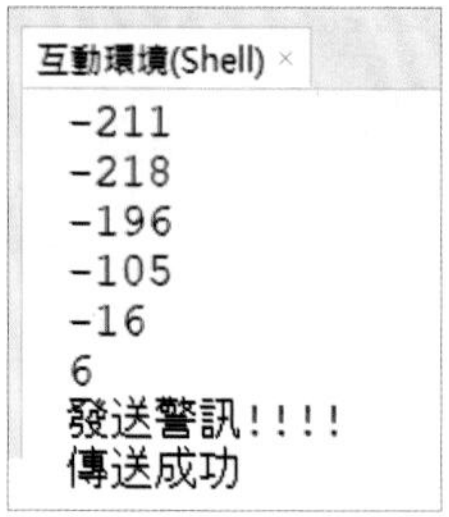

並且 LINE 會收到 IFTTT 的訊息：

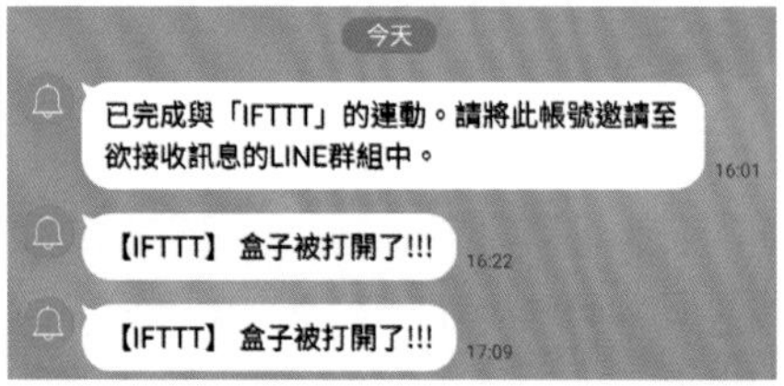

接下來程式在暫停 10 秒後，會繼續顯示霍爾感測值，如果磁鐵沒靠近 ESP32 晶片，則會再次發送 LINE 訊息。

CHAPTER 05

火車誤點提醒器

火車是台灣非常方便的交通工具，很多人每天都需要搭乘特定時間的火車來通勤上班、上課。但有時候到了現場才知道自己要搭乘的班車誤點，是不是覺得很心累呢？如果有個『火車誤點提醒器』，在班車誤點時提醒你，這樣就可以更容易判斷什麼時候該到火車站，那接下來就來製作自己的火車誤點提醒器吧！

5-1 四位數七段顯示器

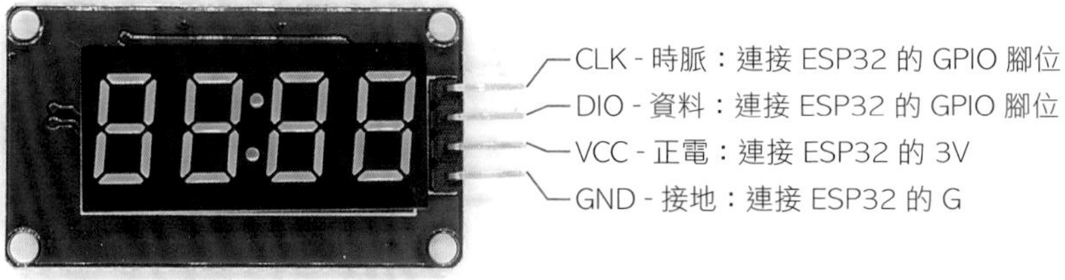

七段顯示器是顯示數字非常方便的電子零件，它總共由 7 個 LED 燈組成（如果有小數點的話則是 8 個 LED 燈）：

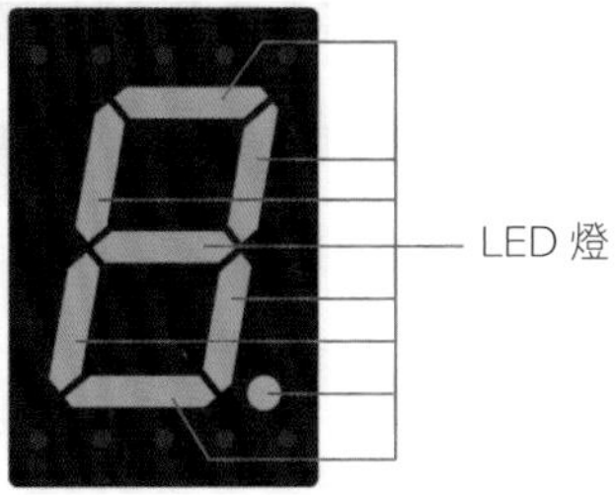

本套件內的七段顯示器為**四位數七段顯示器**，可以同時顯示 4 個數字。要控制四位數七段顯示器時，可以直接使用 **tm1637 模組**。tm1637 模組不是內建的模組，所以需要先手動上傳到 ESP32 中：

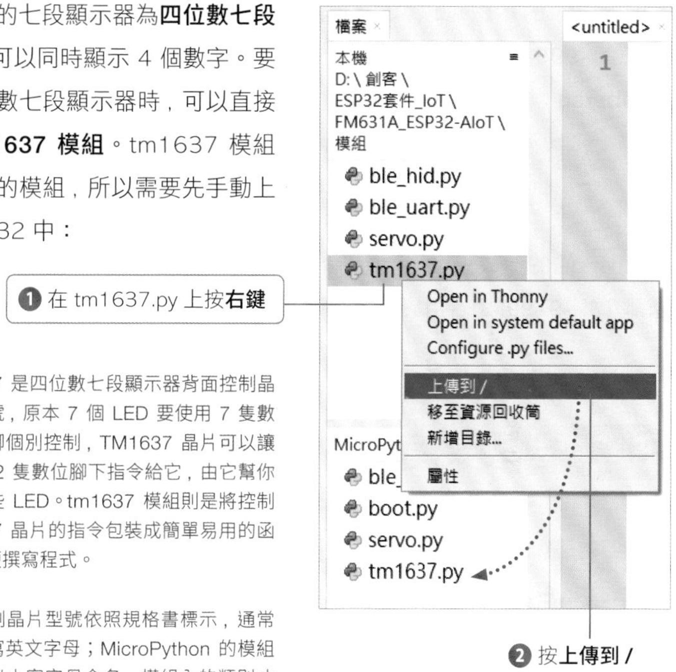

⚠ TM1637 是四位數七段顯示器背面控制晶片的型號，原本 7 個 LED 要使用 7 隻數位輸出腳個別控制，TM1637 晶片可以讓你透過 2 隻數位腳下指令給它，由它幫你控制這些 LED。tm1637 模組則是將控制 TM1637 晶片的指令包裝成簡單易用的函式，方便撰寫程式。

⚠ 本書慣例晶片型號依照規格書標示，通常都是大寫英文字母；MicroPython 的模組則多半以小寫字母命名，模組內的類別才會以大寫命名。

上傳完畢後將它匯入，並建立**七段顯示器物件**：

```
>>>  import tm1637
>>>  tm = tm1637.TM1637(clk=Pin(16), dio=Pin(17))
```

建立七段顯示器物件時，需要指定**七段顯示器的 CLK 和 DIO** 連接的腳位，上面的程式中，CLK 指定連接 16 號腳位、DIO 指定連接 17 號腳位。

要顯示數字可以使用 **number() 方法**：

```
tm.number(數字)
```

number() 的參數可以填入**任意數字**，但七段顯示器可顯示的數值範圍只有 **-999~9999**。除了 number() 以外還有另一個顯示數字的方法 **numbers()**：

```
tm.numbers(數字, 數字)
```

numbers() 的參數有 2 個，分為『前兩位數字』和『後兩位數字』，數字範圍都介於 **-9~99**，適合用於顯示時間。

5-2 自製時鐘

前一節的最後提到四位數七段顯示器可以用來顯示時間，所以只要能得到現在時間，就可以做出一個自製時鐘。

LAB08 自製時鐘

實驗目的	使用 ESP32 取得現在台灣時間，並且顯示在四位數七段顯示器上
材料	● ESP32 ● 四位數七段顯示器 ● 麵包板 ● 杜邦線若干條

接線圖

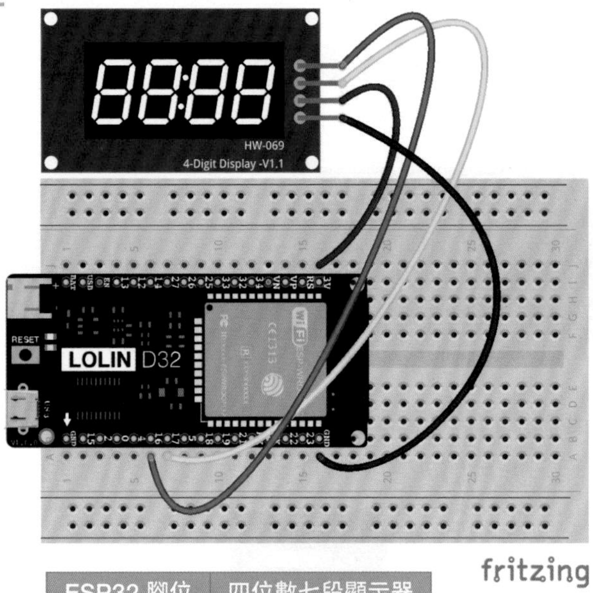

ESP32 腳位	四位數七段顯示器
16	CLK
17	DIO
3V	VCC
GND	GND

設計原理

即時時鐘 RTC

在 ESP32 中有個**即時時鐘** (Real Time Clock, 簡寫為 RTC), 它可以用來讀取及設定時間。當我們要從 RTC 讀取時間時，可以使用 **time 模組**中的 **localtime() 方法**：

```
>>> import time
>>> time.localtime()
(2021, 5, 21, 4, 7, 57, 4, 141)
```

localtime() 方法的返回值格式如下：

年	月	日	時	分	秒	星期幾 (0~6)	今年的第幾天
2021	5	21	4	7	57	4	141

當中的**星期幾**會比較容易搞混，因為它是由 0 開始計算，所以 **0 代表星期一**、**6 代表星期日**，以此類推。

RTC 雖然可以讓使用者輕鬆取得時間，但它卻有一個最重要的問題：**斷電後時間會自動重製**，而重製後的時間為 2000 年 1 月 1 日：

```
>>> import time
>>> time.localtime()
(2000, 1, 1, 0, 0, 0, 5, 1)
```

▲ Thonny 在連接 ESP32 時，會自動更新 ESP32 的 RTC 為**本地時間**，因此就算你停止供電並再次連接 Thonny, 得到的結果也不會是 2000 年 1 月 1 日。如果想要嘗試在 Thonny 顯示 2000 年 1 月 1 日，只需要在 ESP32 連接 Thonny 後，按一下 **ESP32 上的 reset 鍵**，並執行 localtime() 方法即可。

為了解決此問題，我們會透過**網路查時**來得到並更新 ESP32 的 RTC 為現在的正確時間。

網路時間協定 NTP

ESP32 的內建模組中，有一個 **ntptime 模組**可以幫我們做到網路查時的功能。那什麼是 NTP 呢？NTP 是 **N**etwork **T**ime **P**rotocal 的簡寫，也就是**網路時間協定**，它的目的是將電腦時間與 **UTC(世界協調時間)** 同步。

▲ UTC 是最主要的世界時間標準。台灣的時區會比 UTC 快 8 個小時，因此台灣時區也稱為 **UTC+8**。

ntptime 模組是 ESP32 的內建模組，直接匯入即可：

```
>>> import ntptime
```

在匯入完模組後，記得 NTP 是**網路**時間協定，因此需要將 ESP32 連接網際網路後才可以使用 ntptime 模組的功能：

```
>>> import network
>>> sta=network.WLAN(network.STA_IF)
>>> sta.active(True)
>>> sta.connect('無線網路名稱', '無線網路密碼')
>>> while not sta.isconnected() :
        pass
>>>
```

連到網際網路後，就可以使用 **settime() 方法**將 ESP32 的 RTC(即時時鐘) 更新為 UTC(世界協調時間)：

```
>>> ntptime.settime()
```

更新完畢後，就可以使用 **localtime()** 查看時間：

```
>>>  time.localtime()
(2021, 5, 21, 7, 16, 18, 4, 141)
```

更改為台灣時間

上面的程式執行後得到的是 UTC 時間，也就是比台灣時區還慢 8 個小時，如果我們想要將這 8 小時補回來，最直覺的想法應該是將 time.localtime() 返回結果中的『時』加上 8 小時，但這有**進位**問題，例如現在 23 點，直接加 8 就會得到詭異的 31 點，如果只是加一個判斷式，判斷當『時』超過 24 就自動進位 1 天倒是很簡單，但既然『時』會遇到問題，那『日』和『月』當然也會遇到問題，而且月份還有分為 28、29、30 和 31 日，會讓程式變得太過複雜。

為了解決上述的問題，需要使用在 time 模組中的 **mktime 方法**，它可以將時間單位簡化到只剩下『秒』:

```
>>>  time.localtime()
(2021, 5, 21, 8, 16, 28, 4, 141)
>>>  time.mktime(time.localtime())
674900188
```

time.mktime() 的參數為**時間**，而它的回傳值則是『參數』和『2000 年 1 月 1 日 0 時 0 分 0 秒』間的秒數。台灣時間比 UTC 快 8 小時，也就是 8×60×60 = 28800 秒，只要加上這個秒數，就等於加上 8 小時：

```
>>>  TW_sec = time.mktime(time.localtime())+28800
```

time.localtime() 除了**讀取時間**以外，還可以傳入參數來**設定時間**，而參數的時間單位正是『秒』。所以只要將剛剛得到的秒數當作 time.localtime() 參數，即可設定成正確的台灣時間：

```
>>> time.localtime(TW_sec)
(2021, 5, 21, 16, 49, 36, 4, 141)
```

從返回值取出特定資料

time.localtime() 回傳的資料格式為**元祖 (tuple)**，你可以把它想像成一個儲存資料的櫃子：

```
>>>  TW = (2021, 5, 21, 16, 49, 36, 4, 141)
```

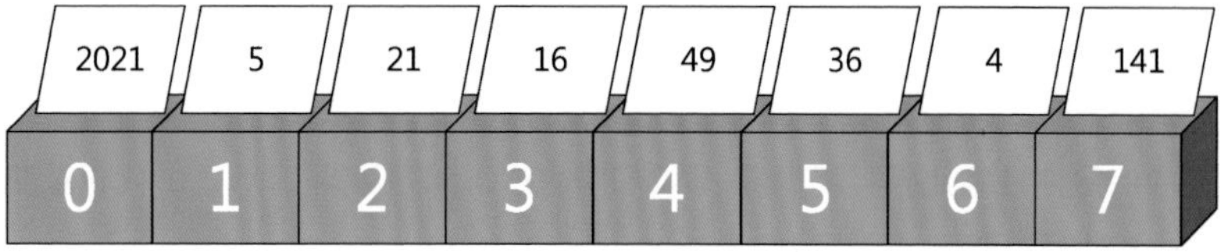

每格櫃子都有自己的編號 (索引)，只要使用編號就可以取出對應的資料：

```
>>>  TW[3]
16  ←  時
>>>  TW[4]
49  ←  分
```

程式設計

```
01 import tm1637
02 from machine import Pin
03 import ntptime
04 import time
05 import network
06
07 # 四位數顯示器
08 tm = tm1637.TM1637(clk=Pin(16), dio=Pin(17))
09
10 # 連線至無線網路
11 sta=network.WLAN(network.STA_IF)
12 sta.active(True)
13 sta.connect('無線網路名稱', '無線網路密碼')
14 while not sta.isconnected() :
15     pass
16 print('Wi-Fi 連線成功')
17
18 # 將 RTC 設定成世界協調時間(UTC)
19 ntptime.settime()
20 # UTC 時間加上 28800 秒(8 小時)才會等於台灣時間
21 TW_sec = time.mktime(time.localtime())+28800
22
23 while True:
24     TW = time.localtime(TW_sec)
25     print(TW)
26     hour = TW[3]       # 時
27     minu = TW[4]       # 分
28     tm.numbers(hour, minu)
29     time.sleep(1)
30     TW_sec += 1
```

- 第 13 行：填入無線基地台的名稱和密碼。
- 第 21 行：將 UTC 轉換成台灣時區。
- 第 28 行：將『時』當作四位數七段顯示器的**前**兩位數字，將『分』當作四位數七段顯示器的**後**兩位數字。
- 第 29-30 行：程式暫停一秒，所以 TW_sec 也需要加 1。

測試程式

請按 F5 執行程式，當 ESP32 連上指定無線基地台後，即可看到**互動環境**顯示『Wi-Fi 連線成功』以及每秒更新的『台灣時間』：

```
互動環境(Shell)
Type "help()" for more information.
>>> %Run -c $EDITOR_CONTENT
 Wi-Fi連線成功
 (2021, 5, 25, 9, 43, 41, 1, 145)
 (2021, 5, 25, 9, 43, 42, 1, 145)
 (2021, 5, 25, 9, 43, 43, 1, 145)
 (2021, 5, 25, 9, 43, 44, 1, 145)
 (2021, 5, 25, 9, 43, 45, 1, 145)
 (2021, 5, 25, 9, 43, 46, 1, 145)
 (2021, 5, 25, 9, 43, 47, 1, 145)
```

四位數七段顯示器會根據『時』和『分』更新：

5-3 無源蜂鳴器

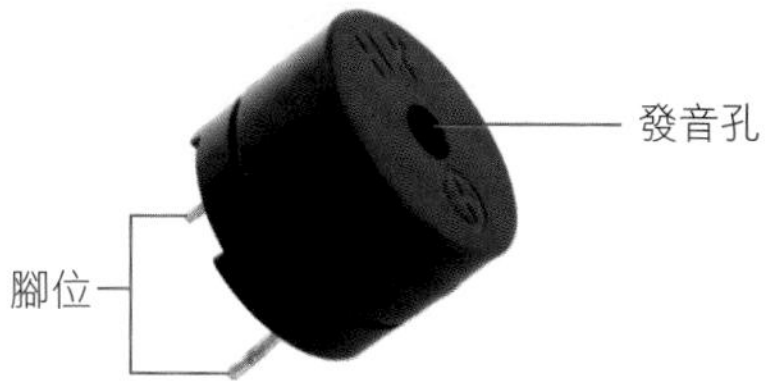

無源蜂鳴器使用所謂的壓電效應，當中的壓電陶瓷片會在以特定頻率通電後依該頻率震動、進而發出聲音，而這個頻率是可用程式控制的。

LAB09 自製警報器

實驗目的	透過無源蜂鳴器發出警報聲。
材料	• ESP32 • 麵包板 • 杜邦線若干條 • 排針

接線圖

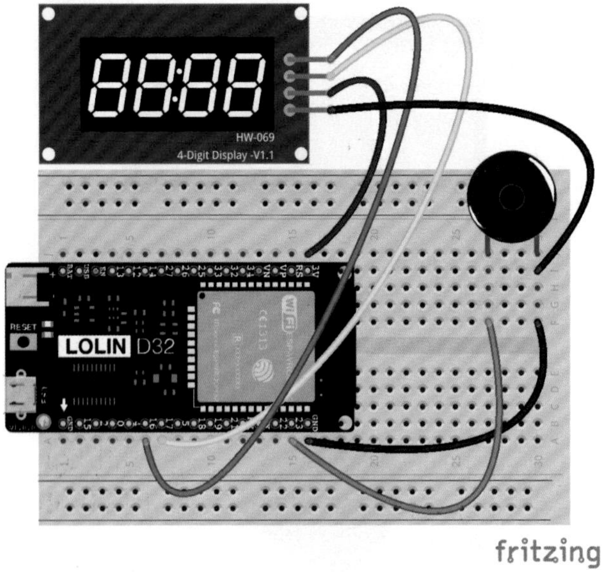

ESP32 腳位	無源蜂鳴器
23	左右腳皆可
GND	左右腳皆可

▲ 前一個實驗的四位數七段顯示器接線不用拔除 (GND 需要調整一下)，下一個實驗 LAB10 會繼續使用到。

設計原理

為了讓無源蜂鳴器發出聲音，我們得使用 **PWM** (Pulse Width Modulation, 脈衝寬度調變) 來調整蜂鳴器的頻率。

什麼是 PWM 呢？其實開發板的腳位只能輸出 0 或 1 的信號，或者低電位 (無電壓) 或高電位 (最高電壓，以 ESP32 而言是 3.3V)，沒辦法直接輸出介於最高與最低之間的信號 (例如 0.5，相當於 1.65V)。這時就可以改用 PWM 來產生和調整電壓了。

簡單地說，PWM 會藉由交錯輸出 0 或 1 的方式，讓平均電壓落到我們想要的程度：

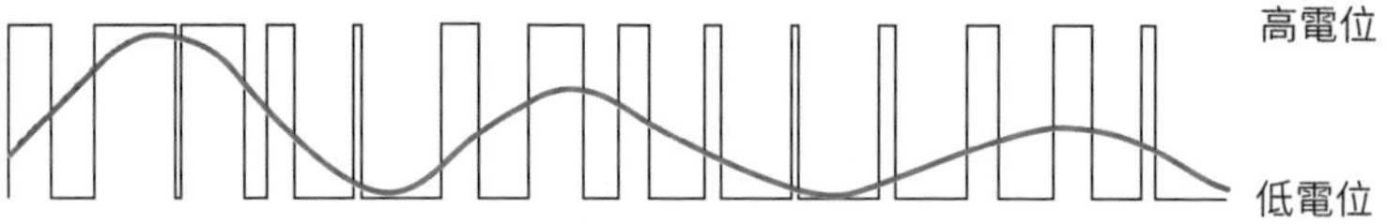

▲ 模擬出來的電壓值

PWM 有兩種參數，第一個是**工作週期** (duty cycle)，基本上就是高電位與低電位的輸出時間比例：

▲ 工作週期 10% (10% 高電位，90% 低電位)

▲ 工作週期 50%

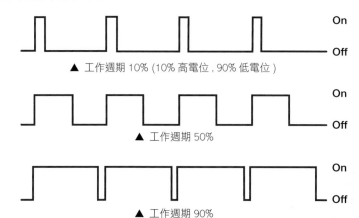

▲ 工作週期 90%

因此工作週期的值越高，產生的平均電壓就越高。若工作週期為 50%，輸出電壓就是 50% 或 3.3 x 0.5 = 1.65V。

第二個參數是**頻率**，也就是每秒電壓變高與變低的次數：

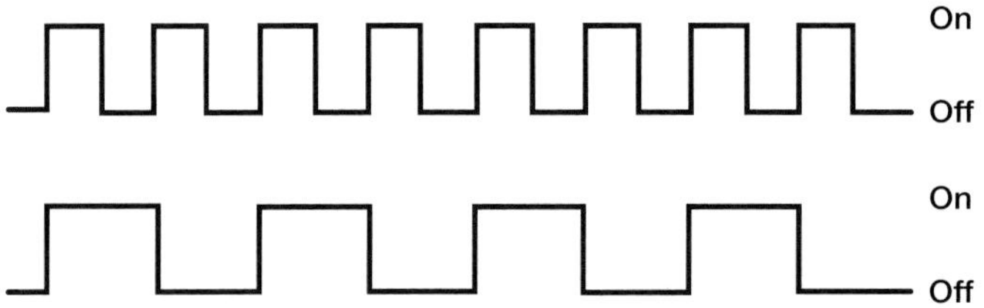

▲ 兩者工作週期皆為 50%，輸出電壓相同，但上面的輸出頻率是下面的 2 倍

當無源蜂鳴器的壓電片以特定頻率振動時，就會發出那個頻率的聲音。但是，工作週期該設為多少？由於壓電片在通電後會扭曲，不通電會恢復原狀，因此必須有『通電 - 不通電』的循環才能產生振盪。當通電與不通電的時間一樣時（工作週期 50%），蜂鳴器的振動效果最好，聲音也就最大。因此，控制蜂鳴器時的輸出電壓其實是固定的，重點在於調整 PWM 的頻率。

⚠ 無源蜂鳴器的『無源』意思是沒有振盪源，必須由外部控制使壓電片振動。相對的另外有種『有源蜂鳴器』，本身有振盪源，通電就會發出聲音，但也因此無法改變音高。

為了在 MicroPython 使用 PWM 功能，我們必須匯入相關函式庫：

```
from machine import Pin, PWM # 匯入 Pin 和 PWM
```

然後建立 PWM 物件（在此取名為 buzzer），指定給 23 號腳位，並設定頻率為 0、工作週期為 512：

```
buzzer = PWM(Pin(23, Pin.OUT))
buzzer.freq(0)
buzzer.duty(512)
```

參數 freq (frequency) 就是 PWM 的輸出頻率，這裡設為 0（即不會震動，沒有聲音）。**duty** 則是 PWM 的工作週期；最大值為 1023，因此 50% 就相當於 512。

上面這三行程式也能合併成一行：

```
buzzer = PWM(Pin(23, Pin.OUT), freq=0, duty=512)
```

接下來，我們就能透過 buzzer.freq() 方法來改變蜂鳴器要發出的頻率。下表是一些音高的頻率範例：

音符	中音 C	D	E	F	G	A	B
唱名	Do	Re	Mi	Fa	Sol	La	Ti
頻率 (Hz)	261	294	330	349	392	440	494

程式設計

```
from machine import Pin, PWM
import time

# 建立 PWM 物件
buzzer = PWM(Pin(23, Pin.OUT), freq=0, duty=512)

buzzer.freq(349)    # 發出 Fa 聲
time.sleep(1)
buzzer.freq(294)    # 發出 Re 聲
time.sleep(1)

buzzer.deinit()
```

測試程式

請按 F5 執行程式，蜂鳴器就會發出 **Fa 聲**，1 秒後發出 **Re 聲**，再過 1 秒後結束。

5-4 PTX 服務平台

這章節最一開始的目的是查詢**火車誤點時間**，這個問題可以使用 **PTX 服務平台**的網路服務來得到答案：

https://ptx.transportdata.tw/PTX/

API 服務

應用程式介面 (**A**pplication **P**rogramming **I**nterface, 簡寫為 API)，你可以將它想像成一個服務人員，它會根據你的需求尋找對應的資料，並回傳給你。

PTX 服務平台正是提供有各式各樣大眾交通工具資訊的 API，根據你的需求不同，呼叫不同的 API，而每個 API 的使用方式都有些微不同，請參考官方所提供的文件：

❶ 移至 **API 服務**上面

❷ 按**線上 API 說明**

❸ 按**下拉式選單**

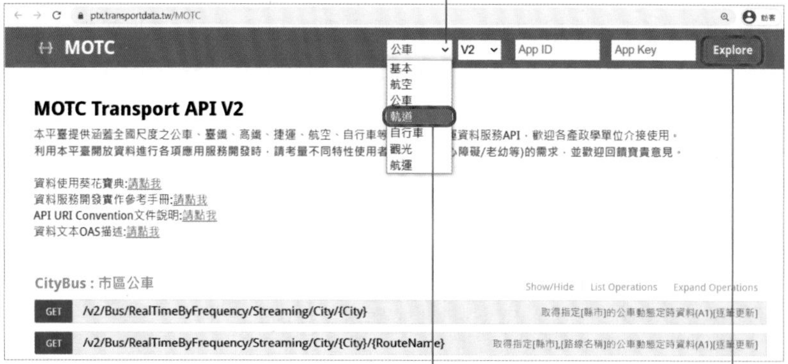

❹ 選擇**軌道**

❺ 按 **Explore**

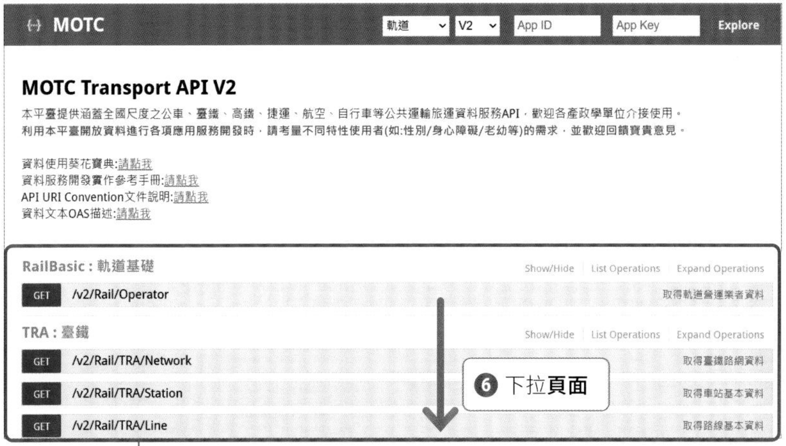
MOTC
軌道
V2
App ID
App Key
Explore
MOTC Transport API V2
本平臺提供涵蓋全國尺度之公車、臺鐵、高鐵、捷運、航空、自行車等公共運輸旅運資料服務API，歡迎各產政學單位介接使用。
利用本平臺開放資料進行各項應用服務開發時，請考量不同特性使用者(如:性別/身心障礙/老幼等)的需求，並歡迎回饋寶貴意見。
資料使用葵花寶典:請點我
資料服務開發實作參考手冊:請點我
API URI Convention文件說明:請點我
資料文本OAS描述:請點我
RailBasic : 軌道基礎
Show/Hide | List Operations | Expand Operations
GET /v2/Rail/Operator 取得軌道營運業者資料
TRA : 臺鐵
Show/Hide | List Operations | Expand Operations
GET /v2/Rail/TRA/Network 取得臺鐵路網資料
GET /v2/Rail/TRA/Station 取得車站基本資料
GET /v2/Rail/TRA/Line 取得路線基本資料
❻ 下拉頁面

API

GET /v2/Rail/TRA/DailyTimetable/Station/{StationID}/{TrainDate} 取得指定[日期],[車站]的站別時刻表資料
GET /v2/Rail/TRA/DailyTimetable/OD/{OriginStationID}/to/{DestinationStationID}/{TrainDate} 取得指定[日期],[起迄站間]之站間時刻表資料
GET /v2/Rail/TRA/LiveBoard 取得車站別列車即時到離站電子看板(動態前後30分鐘的車次)
GET /v2/Rail/TRA/LiveBoard/Station/{StationID} 取得指定[車站]列車即時到離站電子看板(動態前後30分鐘的車次)
GET /v2/Rail/TRA/LiveTrainDelay 取得列車即時準點/延誤時間資料
THSR : 高鐵
Show/Hide | List Operations | Expand Operations
GET /v2/Rail/THSR/Station 取得車站基本資料
GET /v2/Rail/THSR/ODFare 取得票價資料
GET /v2/Rail/THSR/ODFare/{OriginStationID}/to/{DestinationStationID} 取得指定[起迄站間]之票價資料

這個就是可查詢誤點時間的 API，主要功能為**查看指定車站的電子看板**，當中就包含誤點時間。

▲ 車站的電子看板會顯示即將抵達列車的相關資訊。

根據網站內容可以得知查詢誤點 API 的請求網址是：

```
https://ptx.transportdata.tw/MOTC/v2/Rail/TRA/LiveBoard/
Station/火車站 ID
```

▲ 此 API 會查詢對應車站的電子看板，所以需要填入**火車站 ID**，ID 可參考以下網址：『https://tip.railway.gov.tw/tra-tip-web/tip/tip001/tip111/view』。

▲ 全部 PTX 服務的請求網址前半部都是『https://ptx.transportdata.tw/MOTC/』，只需要在它後面子加上你要的 API 服務就是完整的請求網址。

參數

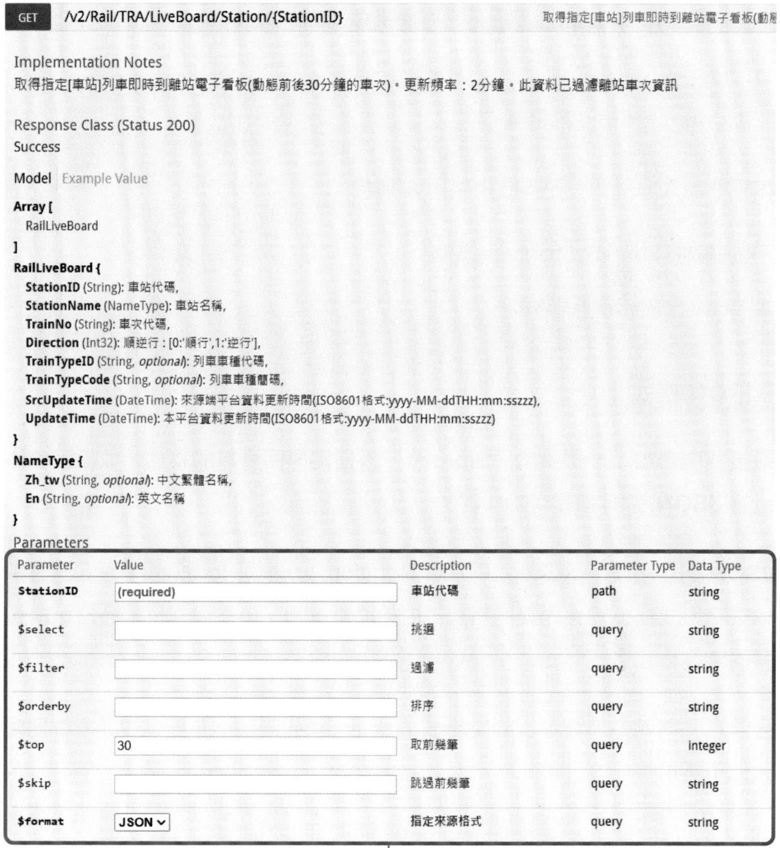
GET /v2/Rail/TRA/LiveBoard/Station/{StationID}
Implementation Notes
取得指定[車站]列車即時到離站電子看板(動態前後30分鐘的車次)。更新頻率：2分鐘。此資料已過濾離站車次資訊
Response Class (Status 200)
Success
Model Example Value
Array [
RailLiveBoard
]
RailLiveBoard {
StationID (String): 車站代碼,
StationName (NameType): 車站名稱,
TrainNo (String): 車次代碼,
Direction (Int32): 順逆行 : [0:'順行',1:'逆行'],
TrainTypeID (String, optional): 列車車種代碼,
TrainTypeCode (String, optional): 列車車種簡碼,
SrcUpdateTime (DateTime): 來源端平台資料更新時間(ISO8601格式:yyyy-MM-ddTHH:mm:sszzz),
UpdateTime (DateTime): 本平台資料更新時間(ISO8601格式:yyyy-MM-ddTHH:mm:sszzz)
}
NameType {
Zh_tw (String, optional): 中文繁體名稱,
En (String, optional): 英文名稱
}
Parameters
Parameter | Value | Description | Parameter Type | Data Type
StationID | (required) | 車站代碼 | path | string
$select | | 挑選 | query | string
$filter | | 過濾 | query | string
$orderby | | 排序 | query | string
$top | 30 | 取前幾筆 | query | integer
$skip | | 跳過前幾筆 | query | string
$format | JSON | 指定來源格式 | query | string

參數

除了請求網址外，點開服務後還可以看到其他的**參數**，例如上圖中的 **StationID(火車站 ID)** 就是其中一個，如果它的輸入框中有 **required** 字樣，代表除了基本的請求網址外，一定還需要提供此參數。

除了一定要提供的參數外，其他參數就根據使用狀況決定，像是其中一個參數『$top』是決定**取前幾筆資料**，如果指定『$top=5』那 API 就只會回傳前 5 筆資料給你。如果要在請求網址中加入非必要參數，要使用 **'?'** 接在網址後面，並在 **'?'** 後以 '=' 組合『參數名稱』和『參數值』：

```
https://ptx.transportdata.tw/MOTC/v2/Rail/TRA/LiveBoard/
Station/火車站 ID?$top=5
```

如果要加入多個非必要參數則要用 **&** 連接：

```
前面省略?$top=5&$format=JSON
```

▲ format 代表傳回資料的格式。

JSON 格式

最後我們增加了一個參數『$format』來指定傳回資料的格式，並指定參數值為 **JSON**, 那什麼是 JSON 呢？

JSON 的全名是 JavaScript Object Notation, 原本是 JavaScript 程式語言中以文字形式描述物件內容的格式，由於簡單易用，現在變成呈現多層結構資料的常見格式。

那現在我們就先來看看 JSON 格式的樣子，請先開啟瀏覽器，並在瀏覽器輸入以下請求網址：

```
https://ptx.transportdata.tw/MOTC/v2/Rail/TRA/LiveBoard/
Station/1000?$top=5&$format=JSON
```

▲ 如果沒有申請 PTX 平台帳號，一天只能查詢 **50 次**。

這個請求網址是查看『台北火車站 (編號 1000)』的電子看板，當中的參數決定回傳『前 5 筆資料』和『回傳格式為 JSON』：

ptx.transportdata.tw/MOTC/v2/Rail/TRA/LiveBoard/Station/1000?%20$top=5&$format=JSON
[{"StationID":"1000","StationName":{"Zh_tw":"臺北","En":"Taipei"},"TrainNo":"246","Direction":0,"TrainTypeID":"110E","TrainTypeCode":"3","TrainTypeName":{"Zh_tw":"自強(DMU2900 型柴聯)","En":"Tze-Chiang Limited Express"},"TripLine":0,"EndingStationID":"7000","EndingStationName":{"Zh_tw":"花蓮","En":"Hualien"},"ScheduledArrivalTime":"18:36:00","ScheduledDepartureTime":"18:40:00","DelayTime":0,"SrcUpdateTime":"2021-05-23T19:06:24+08:00","UpdateTime":"2021-05-23T19:07:13+08:00"},{"StationID":"1000","StationName":{"Zh_tw":"臺北","En":"Taipei"},"TrainNo":"147","Direction":1,"TrainTypeID":"1108","TrainTypeCode":"3","TrainTypeName":{"Zh_tw":"自強(推拉式自強號且無自行車車廂)","En":"Tze-Chiang Limited Express"},"TripLine":1,"EndingStationID":"3360","EndingStationName":{"Zh_tw":"彰化","En":"Changhua"},"ScheduledArrivalTime":"18:38:00","ScheduledDepartureTime":"18:42:00","DelayTime":0,"SrcUpdateTime":"2021-05-23T19:06:56+08:00","UpdateTime":"2021-05-23T19:07:13+08:00"},{"StationID":"1000","StationName":{"Zh_tw":"臺北","En":"Taipei"},"TrainNo":"130","Direction":0,"TrainTypeID":"1108","TrainTypeCode":"3","TrainTypeName":{"Zh_tw":"自強(推拉式自強號且無自行車車廂)","En":"Tze-Chiang Limited Express"},"TripLine":2,"EndingStationID":"0900","EndingStationName":{"Zh_tw":"基隆","En":"Keelung"},"ScheduledArrivalTime":"18:51:00","ScheduledDepartureTime":"18:55:00","DelayTime":0,"SrcUpdateTime":"2021-05-23T19:06:58+08:00","UpdateTime":"2021-05-23T19:07:13+08:00"},{"StationID":"1000","StationName":{"Zh_tw":"臺北","En":"Taipei"},"TrainNo":"136","Direction":0,"TrainTypeID":"1107","TrainTypeCode":"2","TrainTypeName":{"Zh_tw":"普悠瑪","En":"Puyuma Express"},"TripLine":1,"EndingStationID":"0980","EndingStationName":{"Zh_tw":"南港","En":"Nangang"},"ScheduledArrivalTime":"19:06:00","ScheduledDepartureTime":"19:10:00","DelayTime":1,"SrcUpdateTime":"2021-05-23T19:06:08+08:00","UpdateTime":"2021-05-23T19:07:13+08:00"},{"StationID":"1000","StationName":{"Zh_tw":"臺北","En":"Taipei"},"TrainNo":"1241","Direction":1,"TrainTypeID":"1131","TrainTypeCode":"6","TrainTypeName":{"Zh_tw":"區間","En":"Local Train"},"TripLine":0,"EndingStationID":"1210","EndingStationName":{"Zh_tw":"新竹","En":"Hsinchu"},"ScheduledArrivalTime":"19:07:00","ScheduledDepartureTime":"19:09:00","DelayTime":0,"SrcUpdateTime":"2021-05-23T19:05:08+08:00","UpdateTime":"2021-05-23T19:07:13+08:00"}]
將此段內文複製

大家看到回傳內容不要急著關閉網頁，這並不是亂碼，而是實實在在的 **JSON 格式資料**，只是目前還沒有整理過，所以不容易看懂。為了方便讀懂，網路上有很多線上解析 JSON 格式的網站：

❶ 輸入 **https://codebeautify.org/jsonviewer**
codebeautify.org/jsonviewer
Code Beautify
JSON Formatter | Hex Color Codes | HMAC Generator | My Ip | Search | Recent Links | More | Sign in |
JSON Viewer
Save & Share
Result mode:
tree
Load Url
Browse
Tree Viewer
2 Tab Space
Beautify
Select a node...
array [5]
0 {15}
1 {15}
2 {15}
3 {15}
4 {15}
解析前
解析後
❷ 貼上剛剛複製的內文
❸ 點選 **Tree Viewer**

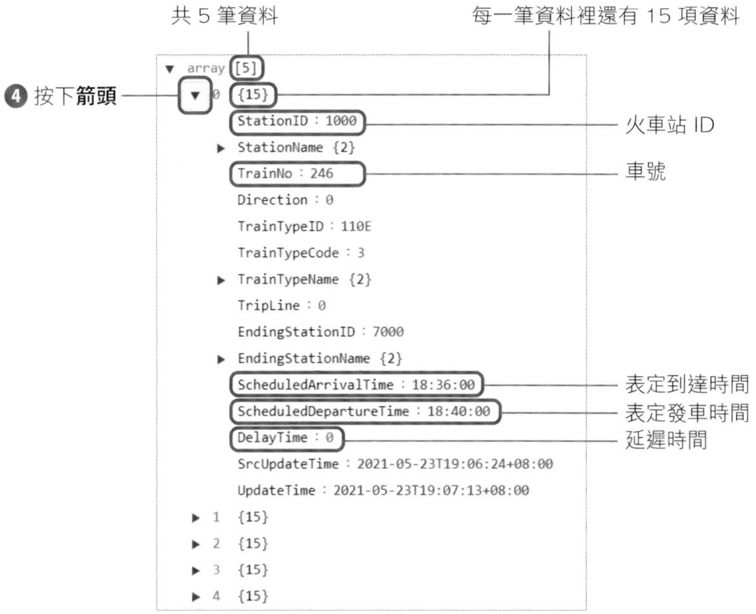

此網站解析後的資料有**中括號**和**大括號**兩種格式，中括號代表 JSON 資料的**陣列**，其中包含從 0 開始排序的一筆筆資料；大括號代表 JSON 資料的**物件**，其中包含以『名稱』為索引的資料。以上圖為例，按下箭頭就是查看**陣列**中序號 0 的這筆資料，它本身是**物件**，因此其中的個別資料都有名稱，像是火車站 ID 的這項資料，它的名稱就是 "StationID"，而車號的這項資料名稱為 "TrainNo"。

到這邊是不是就覺得好懂多了呢，請求網址中的參數『$top=5』我們填入 **5**，所以 PTX 網頁回傳 5 筆資料，而每筆資料內包含各項資訊，例如**車號**、**表定到達時間**、**表定發車時間**和**延遲時間** ... 等。既然已經知道怎麼查看 JSON 資料了，那就準備使用程式發出請求，並將我們需要的資料取出。

使用程式發出請求並解讀 JSON 資料

使用程式發出請求

我們剛剛在瀏覽器輸入請求網址並按下 Enter 後，其實就是對 PTX 服務發出請求，那我們要怎麼使用程式做到相同的事呢？

從 API 頁面中可以看到 API 的旁邊有個 GET 圖示，這代表要使用 HTTP 的 **GET 方法**來呼叫此 API。GET 的使用方式跟第 4 章時一樣：

```
>>> import urequests
>>> res = urequests.get("https://ptx.transportdata.tw/...")
```

雖然 GET 的使用方式與第 4 章一樣，但還需要加入 **headers** 參數。因為有些網路服務會拒絕爬蟲程式提出的要求，所以我們需要假裝成瀏覽器才可以得到正確的回應，方法就是**增加 headers 參數指定 user-agent 表頭**：

```
>>> headers = {'user-agent':'curl/7.76.1'}
```

這裡的 user-agent 就是用來標示瀏覽器的名字，'curl' 其實不是瀏覽器的名稱，而是一種測試網站的工具程式，由於它的名稱簡短，所以我們借來使用，避免在程式中要填入一長串的文字。後面的 7.76.1 則是代表程式的版本編號。

完整發出請求的程式如下：

```
>>> import urequests
>>> headers = {'user-agent':'curl/7.76.1'}
>>> res = urequests.get("https://ptx.transportdata.tw/MOTC/
v2/Rail/...", headers=headers)
```

⚠ 如果沒有申請 PTX 平台帳號，一天只能查詢 **50 次**。

使用程式解讀 JSON 資料

為了解讀 JSON 格式的資料， urequests 模組提供了 json() 方法可以解析 JSON 格式，從文字形式轉換成 Python 內部使用的資料結構，使用方法非常簡單：

```
>>>  j = res.json()      ← 載入並解析 JSON 格式資料
>>>  j[0]["DelayTime"] ← 從第 0 筆資料取出 DelayTime 項目的資料
0   ← 回傳時間 0 秒
```

json() 會將 JSON 資料中的**陣列**轉換為 Python 的串列 (list)，而 JSON 資料中的**物件**則會轉換為 Python 的字典 (dictionary)，所以我們只要用串列與字典的存取語法，即可將特定欄位的資料取出使用。

軟體補給站 Python 資料結構：串列 (list) 與字典 (dictionary)

在 Python 語言中，『串列 (list)』就像一個容器，可以讓您放置多項資料，這些資料稱為『元素 (element)』，會依序排列放置，其存取的語法如下：

```
>>> a = [16, 14, 12, 13, 15, 5, 4] ◀── 以中括號表示串列
>>> a[0]◀── 取得第一個元素(從 0 起算)
16
>>> a[1]
14
```

Python 的『字典 (dictionary)』也是一種能夠存放多個元素的容器，但是每一個元素都具有獨一無二的名字 (key)，可以用名字來取得對應的資料 (value)。當我們要取出值時，必須使用 key 來取出對應的 value，例如：

```
>>> ages = {"Mary":13, "John":14}
```

上述範例中用大括號 "{}" 標示的就是字典，此例建立了名稱為 ages 的字典，在這個字典中有 2 項元素，元素間以逗號相隔，每 1 項元素都以『key:value』的格式表示，例如第 1 項元素的 key 為 "Mary"，它的 value 為 13。

若要取出字典中的資料，必須如下透過 key 來存取：

```
>>> ages["Mary"]
13
>>> ages["John"]
14
```

LAB10 火車誤點提醒器

實驗目的	透過 PTX 服務平台查詢火車誤點時間，如果有查詢到對應的火車，會發出警報聲，並將延遲時間顯示在七段顯示器上，再經由 IFTTT 傳送延遲時間到 LINE。
材料	同 LAB09

接線圖

同 LAB09

設計原理

使用 IFTTT 傳送 LINE 訊息

我們希望將得到的延遲時間傳送到 LINE，所以先到 IFTTT 網站 (**https://ifttt.com/**) 建立新專案：

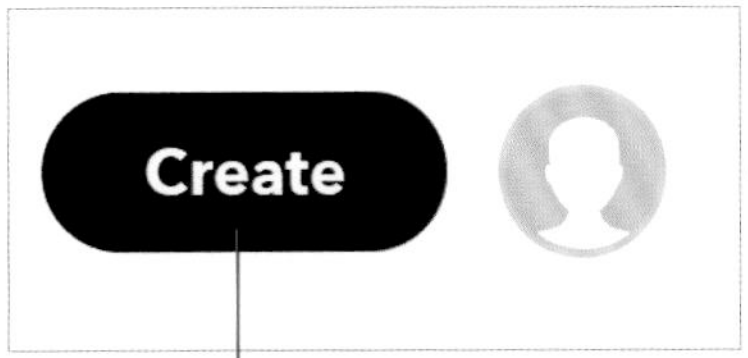

❶ 按頁面右上角的 Create

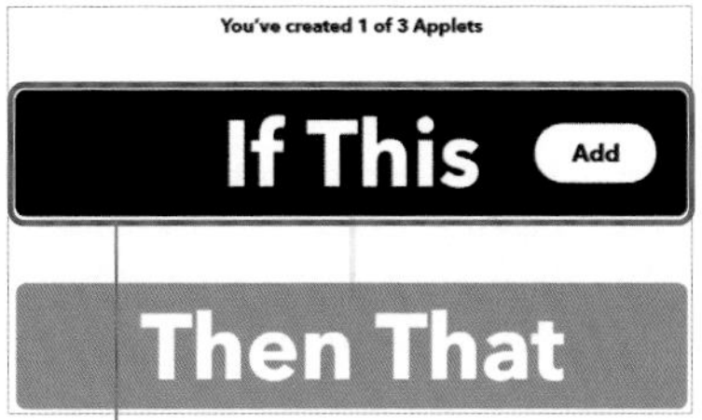

❷ 按 If This

❸ 輸入 webhooks

❹ 選擇 Webhooks

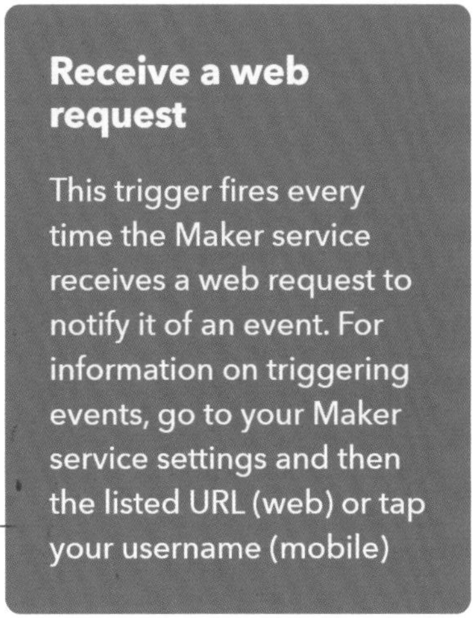

❺ 點選 Receive a web request

❻ 輸入 train

❼ 按 Create trigger

❽ 按 Then That

❾ 輸入 line

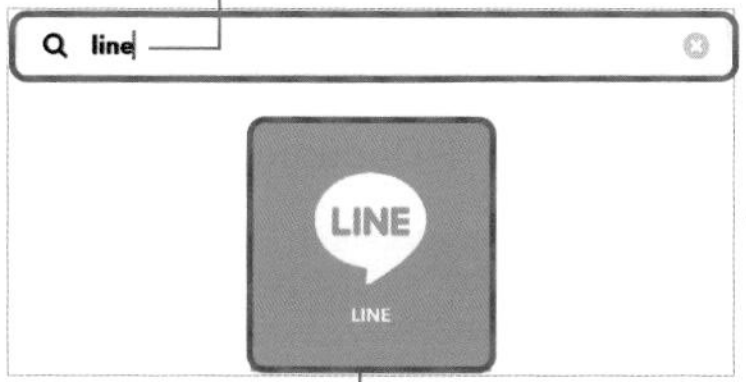

❿ 選擇 LINE

⓫ 點選 Send meaasge

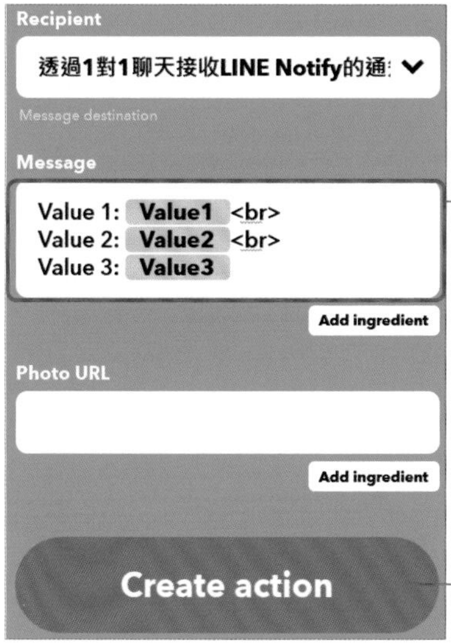

⓬ 更改 Message 內容

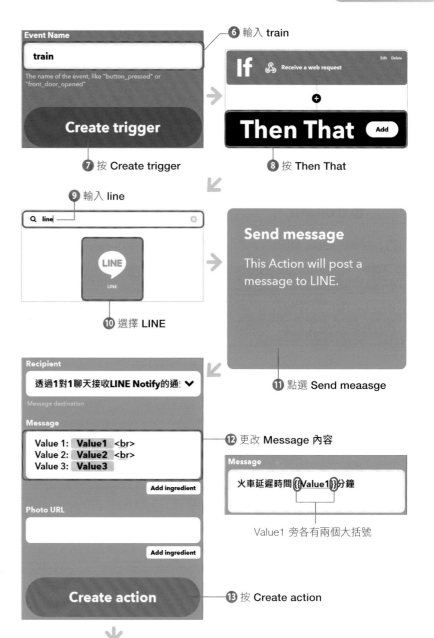

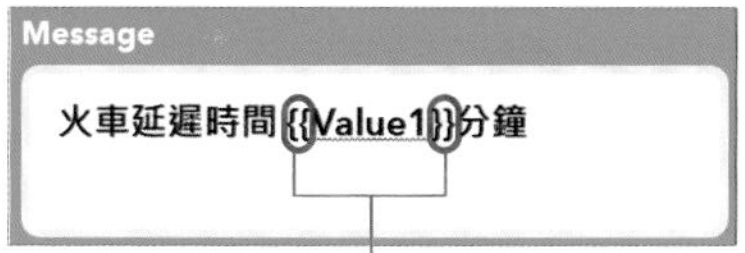

Value1 旁各有兩個大括號

⓭ 按 Create action

⑭ 按 Continue

⑮ 按 Finish

⑯ 點選 Webhooks 圖示

⑰ 按 Documentation

⑱ 輸入 train

複製 網址

⑲ 輸入 5

⑳ 按 Test It

【IFTTT】火車延遲時間 5分鐘

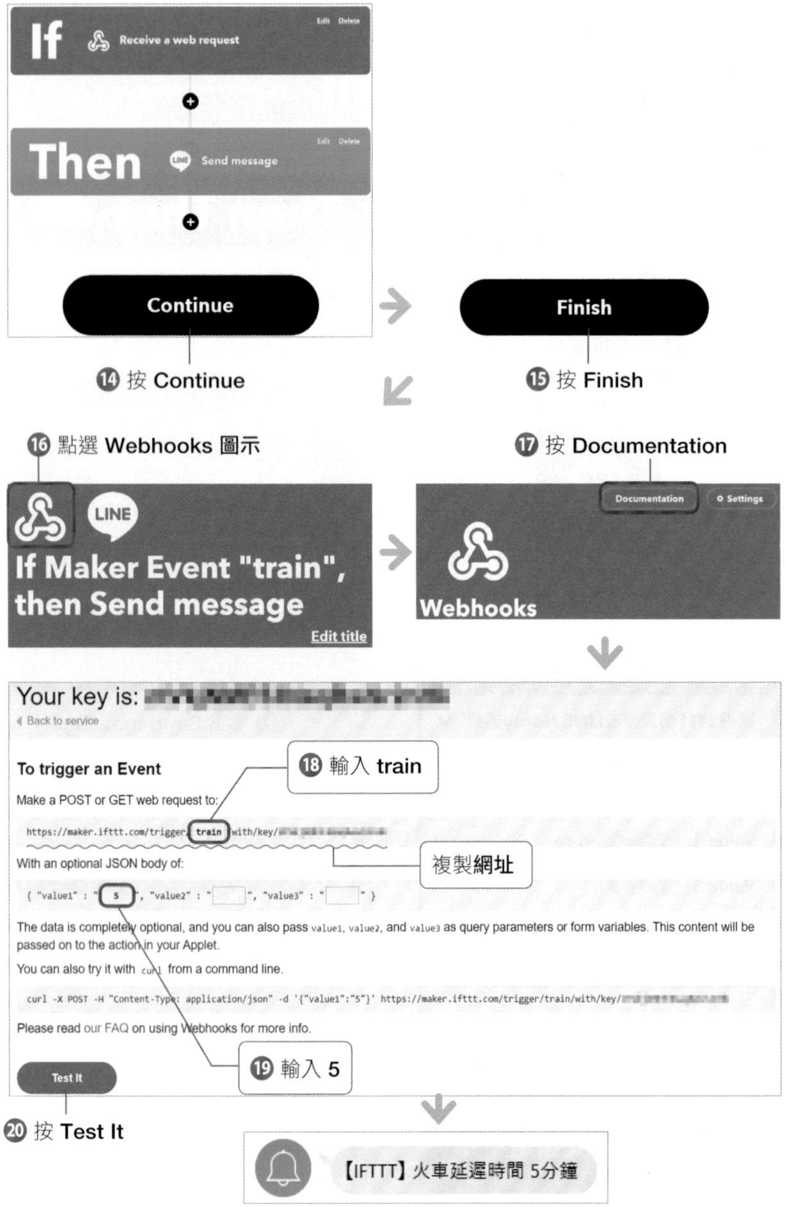

接著可以在 LINE 上看到通知，而且 {{Value1}} 的位置被取代為我們填入的 5 了。稍後在呼叫 IFTTT 服務時，只要在網址後面用 '?' 加上 'value1=5' 這樣的參數，就可以置入我們要取代的內容了。

🏠 程式設計

```
01   # 無會員：當天次數 50 次
02   from machine import Pin,PWM
03   import network
04   import urequests
05   import time
06   import tm1637
07   import ntptime
08
09   # 四位數顯示器
10   tm = tm1637.TM1637(clk=Pin(16), dio=Pin(17))
11   # 清空四位數顯示器
12   tm.write([0, 0, 0, 0])
13
14   # 連線至無線網路
15   sta=network.WLAN(network.STA_IF)
16   sta.active(True)
17   sta.connect('無線網路名稱','無線網路密碼')
18   while not sta.isconnected() :
19       pass
20
21   print('Wi-Fi連線成功')
22
23   ntptime.settime()
24
25   # 想查詢的車號
26   s_number = 1202
27   # 想查詢的車站(1000是台北)
28   sta_number = 1000
29
30   ifttt_url = "IFTTT請求網址"
```

```

# 讓網站認為請求是使用瀏覽器發出。因為有些網頁會擋爬蟲程式
headers = {'user-agent':'curl/7.76.1'}

# 查詢指定火車起點與終點
train_url = ("https://ptx.transportdata.tw/MOTC"
            "/v2/Rail/TRA/GeneralTrainInfo/TrainNo/"
            + str(s_number) +"?$format=JSON")
train_res = urequests.get(train_url,headers=headers)
if(train_res.status_code == 200):
    pass
else:
    print("傳送失敗")
    print("錯誤碼：",train_res.status_code)

train_j = train_res.json()
print("\n車號:",s_number)
print(train_j[0]['StartingStationName']['Zh_tw'] \
      +" → "+train_j[0]['EndingStationName']['Zh_tw'])
train_res.close()
# 車子第一次出現在時刻表時要提醒使用者
remind = False

# 查詢火車時刻表
time_url = ("https://ptx.transportdata.tw/MOTC"
            "/v2/Rail/TRA/LiveBoard/Station/"
            + str(sta_number)+"?$top=20&$format=JSON")

while True:
    time_res = urequests.get(time_url,headers=headers)
    if(time_res.status_code == 200):
        pass
    else:
        print("傳送失敗")
        print("錯誤碼：",time_res.status_code)
    time_j = time_res.json()
    time_res.close()
    # 將車號加入 number列表 中
    number = []
    for i in range(len(time_j)):
        number.append(time_j[i]['TrainNo'])
    print("\n即時班車號碼：",number)

    # 有查到對應車號, 顯示延遲時間
    if(str(s_number) in number):
        if(remind == False):
            # 蜂鳴器
            buzzer_pin = Pin(23,Pin.OUT)
            buzzer = PWM(buzzer_pin,freq=0, duty=50)
            buzzer.freq(349)
            time.sleep(1)
            buzzer.freq(294)
            time.sleep(1)
            buzzer.deinit()
            remind = True
        ind = number.index(str(s_number))
        print("\n表定發車時間:",
              time_j[ind]['ScheduledArrivalTime'])
        print("延遲時間:",
              time_j[ind]['DelayTime'],"分鐘")
        tm.number(time_j[ind]['DelayTime'])
        res = urequests.get(ifttt_url +
                        "?value1=" +
                        str(time_j[ind]['DelayTime']))
        if(res.status_code == 200):
            pass
        else:
            print("傳送失敗")
            print("錯誤碼：",res.status_code)
        res.close()
    # 沒有查到對應車號
    else:
        print("\n目前無"+str(s_number)+"號火車")
        TW_sec = time.mktime(time.localtime())+28800
        TW = time.localtime(TW_sec)
        hour = TW[3]
        minu = TW[4]
        tm.numbers(hour,minu)
        remind = False
    time.sleep(300)  # 暫停 300 秒
```

- 第 17 行：填入無線網路名稱和密碼。
- 第 26 行：更改為要查詢的車號，就是時刻表上或是車票上的車號。
- 第 28 行：更改為要查詢的車站編號。可以透過 https://tip.railway.gov.tw/tra-tip-web/tip/tip001/tip111/view 查詢。
- 第 30 行：更改為 IFTTT 複製的網址。
- 第 35-50 行：為了讓資訊更多元，我們加入每班列車的起始點和終點，而這也是 PTX 服務提供的另一組 API。
- 第 60-67 行：查詢目前車站電子看板上的火車班次。
- 第 74-100 行：如果想查詢的火車班次**有**出現在目前電子看板中，就會用蜂鳴器發出警報，將延遲時間顯示在七段顯示器上，並發出 LINE 訊息。
- 第 101-109 行：如果想查詢的火車班次**沒有**出現在目前電子看板中，就顯示目前時間在七段顯示器上。
- 第 110 行：等待 5 分鐘後再次查詢，避免很快超過當天的次數限制。

軟體補給站

for 迴圈

第 70-71 行有使用到新的語法：**for 迴圈**，在解釋前我們先來看一下範例：

```
for i in range(3):
    print(i)
```

↓

```
0
1
2
```

NEXT

for 迴圈主要幫我們**執行重複的指令**，例如上面的程式要重複印出數字。它的基本語法為：

```
for 變數 in 容器:
    程式區塊
```

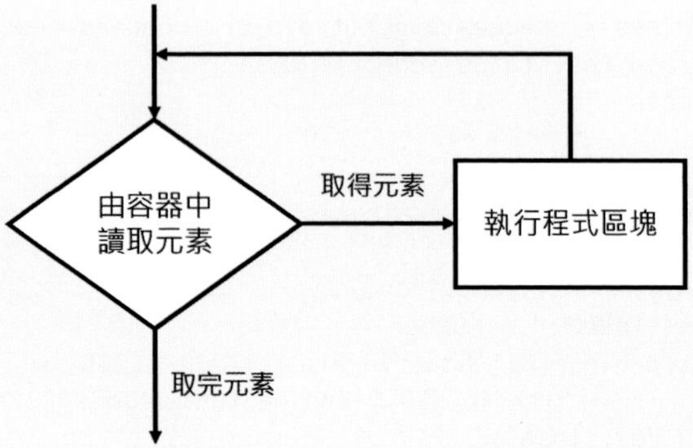

像這樣一個一個讀出容器資料的動作稱之為**走訪**。走訪到的資料會回傳給**變數**，例如上面範例的 print(i) 就會把容器中的內容一個一個印出來。

for 迴圈常常會搭配 **range()** 使用。range(m, n) 會回傳一個數列容器，它的內容為**由 m 到 n 但不包含 n** 的數列，若 range() 的參數只填入一個數字，則代表 m 等於 0。例如上面的範例中，range(3) 就代表 range(0, 3), 它會回傳 0~2 的數列。

我們現在重新看上面的範例，for 迴圈第一圈會從 range(3) 取出 0 並傳回給 i, 接著印出 i 就代表印出 0；接下來第二圈從 range(3) 中取出 1 並傳回給 i, 以此類推，所以最終的結果就是**印出 0、1、2**。

軟體補給站 append() 方法

第 71 行的 append 是前面沒學過的**方法**，它是**串列 (list)** 增加資料的方法：

```
>>> number = []
>>> number.append(23)
>>> number
[23]
```

首先建立一個空串列 number，接下來使用 **append()** 增加資料到 number 串列中，這時 number 串列就會有剛剛加入的資料。

測試程式

請按 F5 執行程式，當 ESP32 連上指定無線基地台後，即可看到**互動環境**顯示『Wi-Fi 連線成功』，接下來稍等一下會顯示**車號**、**起點**和**終點**，並在一陣子後顯示**目前電子看板有的車號**以及是否有對應車號：

電子看板沒有指定的車號

```
互動環境(Shell)
>>> %Run -c $EDITOR_CONTENT
 Wi-Fi連線成功

 車號: 1201
 基隆 → 新竹

 即時班車號碼: ['176', '145', '4234', '425', '1232', '4027', '4

 目前無1201號火車
```

顯示沒有指定車號的資訊

電子看板有指定的車號

```
互動環境(Shell)
>>> %Run -c $EDITOR_CONTENT
 Wi-Fi連線成功

 車號: 4027
 蘇澳新 → 湖口

 即時班車號碼: ['176', '425', '1232', '4027', '438', '4189', '1

 表定發車時間: 18:25:00
 延遲時間: 0 分鐘
```

延遲時間

除了顯示互動環境外，還會顯示在七段顯示器和 LINE 上：

軟體補給站

在 LAB10 中，我們可以不申請帳號就直接使用 PTX 的網頁服務，但也因此有了**每天最多 50 次**的使用限制。如果讀者想超過此限制，只要申請為一般會員，限制次數就會更改為**每天 20000 次**。

NEXT

註冊帳號

申請完會員後，需要等待審核，如果審核通過則會收到 E-Mail 通知：

APP ID　　APP Key

親愛的會員您好，
感謝您申請一般會員。
一般會員資格已申請成功，以下為您的資訊
APP ID：1c0a99d7fb[redacted]85acabb10e00
APP Key：x6jAQ[redacted]ZPJuk9Dd1047w
請妥善保管此資訊，若不甚遺失可登入PTX會員專區重新申請。謝謝！

使用說明：
1. 在您介接API服務時，須帶入APP ID及APP Key加上當下的時間戳記組成之
2. APP ID為會員級別申請之API服務類型，系統自動產生之唯一識別身份值。
3. APP Key則為該APP ID對應之加密憑證。
4. 使用程式(如:C#、Java、JavaScript等)取得資料時，請記得加入HTTP Head

提醒您：
1. 請妥善保管此資訊，若不甚遺失可登入PTX平臺會員專區重新申請。謝謝！
2. 若您在API授權服務使用上遇到問題或疑問，可參閱【資料使用葵花寶典】

NEXT

我們需要將『APP ID』和『APP Key』加到程式中，並使用程式做出 PTX 服務需要的**電子簽章**，它才會認為您是會員，以此增加你的次數限制。製作電子簽章需要使用到**旗標**自製的 **flag_utils 模組**：

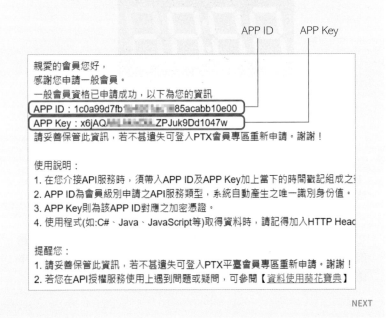

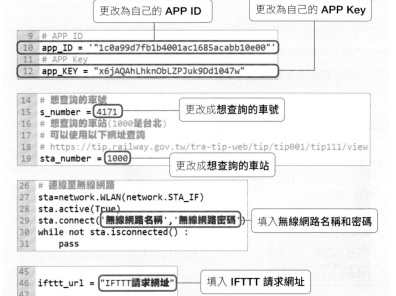

上傳完畢後可以開啟**範例程式**中的 LAB10_member.py，並更改當中的內容即可使用：

更改為自己的 APP ID　　更改為自己的 APP Key

```
# APP ID
app_ID = '"1c0a99d7fb1b4001ac1685acabb10e00"'
# APP Key
app_KEY = "x6jAQAhLhknObLZPJuk9Dd1047w"
```

```
# 想查詢的車號
s_number = 4171
# 想查詢的車站(1000是台北)
# 可以使用以下網址查詢
# https://tip.railway.gov.tw/tra-tip-web/tip/tip001/tip111/view
sta_number = 1000
```

更改成**想查詢的車號**

更改成**想查詢的車站**

```
# 連線至無線網路
sta=network.WLAN(network.STA_IF)
sta.active(True)
sta.connect('無線網路名稱','無線網路密碼')
while not sta.isconnected() :
    pass
```

填入無線網路名稱和密碼

```
ifttt_url = "IFTTT請求網址"
```

填入 **IFTTT 請求網址**

CHAPTER 06

雲端溫度紀錄儀

『雲端』是現在生活中常常使用到的工具，像是 Google 的雲端硬碟、雲端相簿…等工具都為我們的生活帶來便利。如果在第 3 章中得到的溫度值可以存放在雲端並做成一個溫度紀錄儀，可以隨時隨地查看，聽起來是不是很棒呢？這一章就讓我們一起來完成雲端溫度紀錄儀吧！

6-1 Ubidots

Ubidots 是一個**物聯網平台 (IoT platform)**，它可以接收資料紀錄起來，並且以豐富的圖表呈現。要使用它的服務前，需要先註冊帳號，首先到 Ubidots 的官網 **https://ubidots.com/**：

IoT platform | Internet of Thing
ubidots.com
ubidots
SIGN UP
LOGIN
Data Drives Decisions
Rapidly assemble and launch Internet of Things (IoT) applications without having to write code or hire a software development team.
GET STARTED FOR FREE

❶ 按 GET STARTED FOR FREE

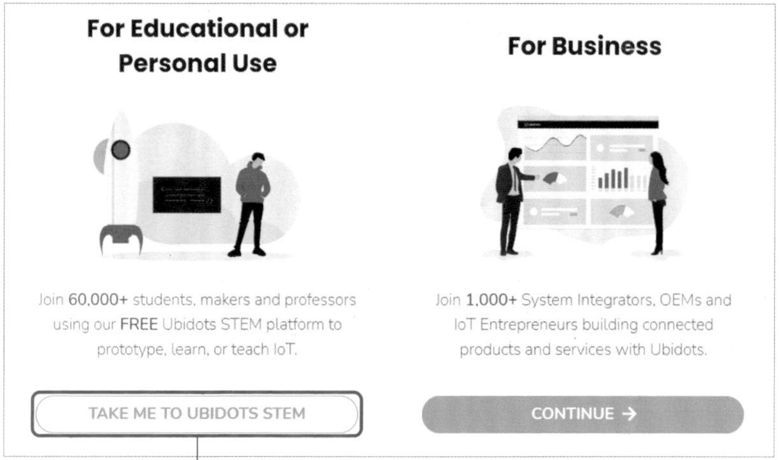

For Educational or Personal Use
Join 60,000+ students, makers and professors using our FREE Ubidots STEM platform to prototype, learn, or teach IoT.
TAKE ME TO UBIDOTS STEM
For Business
Join 1,000+ System Integrators, OEMs and IoT Entrepreneurs building connected products and services with Ubidots.
CONTINUE →

❷ 點選 TAKE ME TO UBIDOTS STEM

❸ 輸入**使用者名稱**(以後登入會需要,請熟記) ❹ 輸入**信箱**

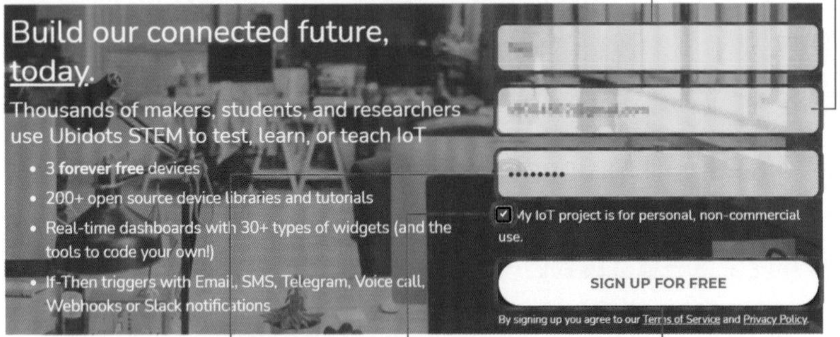

Build our connected future, today.
Thousands of makers, students, and researchers use Ubidots STEM to test, learn, or teach IoT
3 forever free devices
200+ open source device libraries and tutorials
Real-time dashboards with 30+ types of widgets (and the tools to code your own!)
If-Then triggers with Email, SMS, Telegram, Voice call, Webhooks or Slack notifications
My IoT project is for personal, non-commercial use.
SIGN UP FOR FREE
By signing up you agree to our Terms of Service and Privacy Policy.

❺ 輸入**密碼** ❻ 勾選 ❼ 按 **SIGN UP FOR FREE**

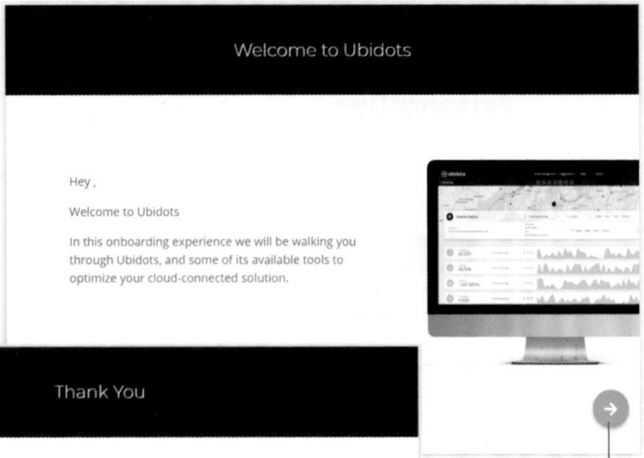

Welcome to Ubidots
Hey ,
Welcome to Ubidots
In this onboarding experience we will be walking you through Ubidots, and some of its available tools to optimize your cloud-connected solution.

❽ 後續頁面都按**下一頁**

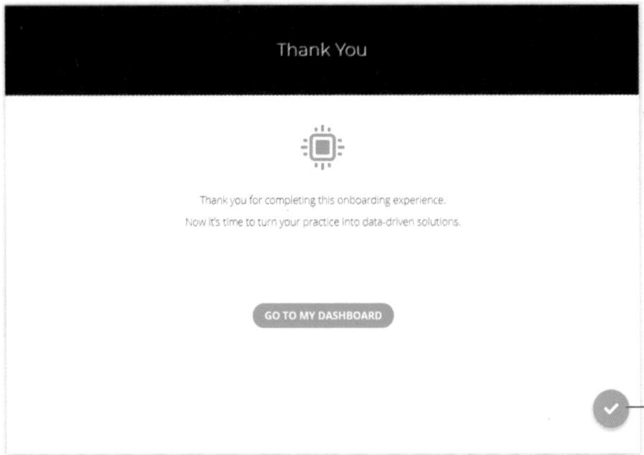

Thank You
Thank you for completing this onboarding experience.
Now it's time to turn your practice into data-driven solutions.
GO TO MY DASHBOARD

❾ 按**完成**

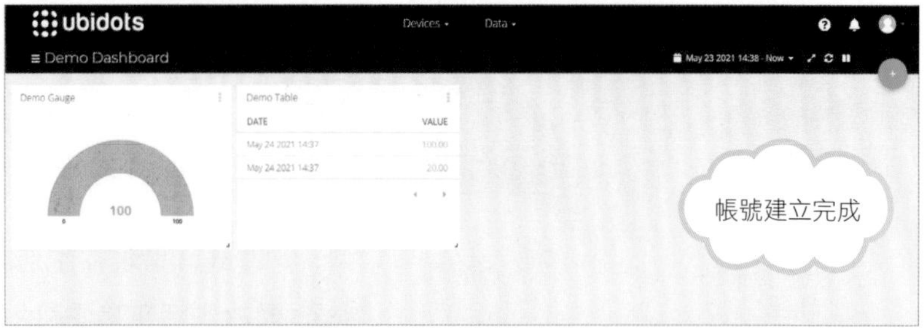

ubidots
Devices
Data
Demo Dashboard
Demo Gauge
Demo Table
DATE
VALUE
100
帳號建立完成

LAB11 雲端溫度紀錄儀

實驗目的	將溫度值傳送到 Ubidots 物聯網平台
材料	● ESP32 ● TMP36 溫度感測器 ● 杜邦線若干條 ● 排針 ● 麵包板 ⚠ 同 LAB04

接線圖

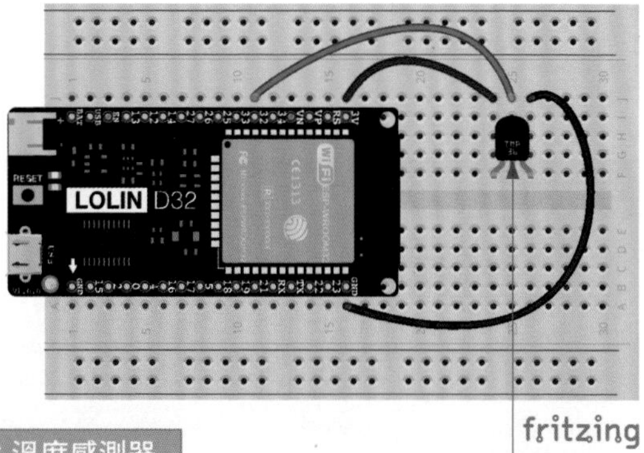

LOLIN D32
RESET
fritzing

有字的面朝下

ESP32	TMP36 溫度感測器
3V	左邊腳
32	中間腳
GND	右邊腳

⚠ 同 LAB04

設計原理

要將資料上傳至 Ubidots 平台就需要知道**上傳資料的 API**，這可以到它的文件頁面查看：

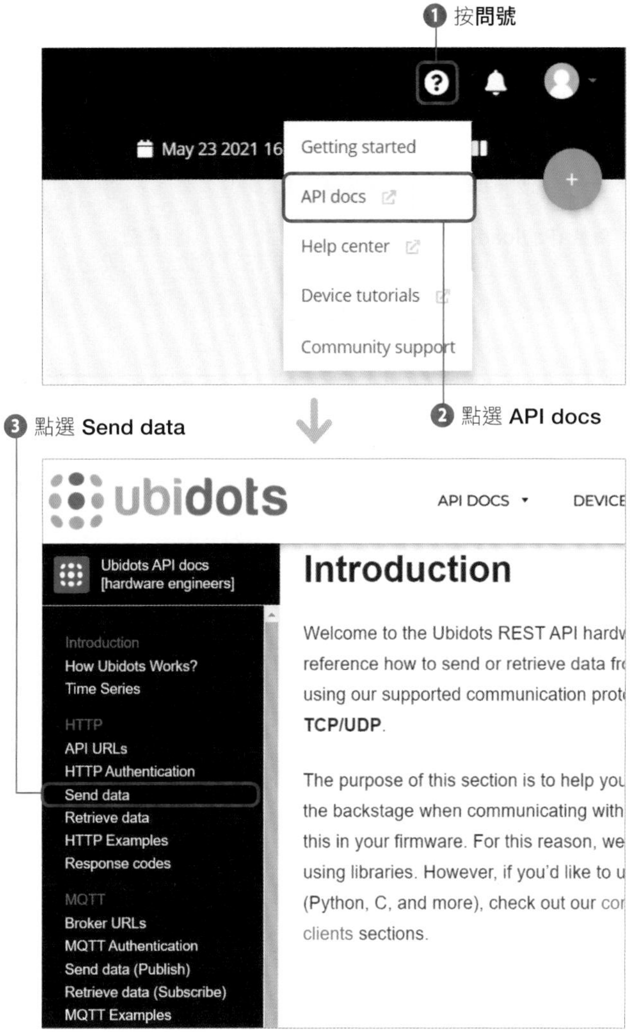

從文件中可以看到此 API 請求網址的左邊有 POST，代表要使用 HTTP 協定裡的 **POST 方法**，稍後程式中就要改為使用 urequests.post()。除了請求網址外，**上傳資料的 API** 還需要**金鑰 (X-Auth-Token)**、**裝置 (device)** 和**變數 (variable)** 才可以正常上傳資料：

金鑰(X-Auth-Token)

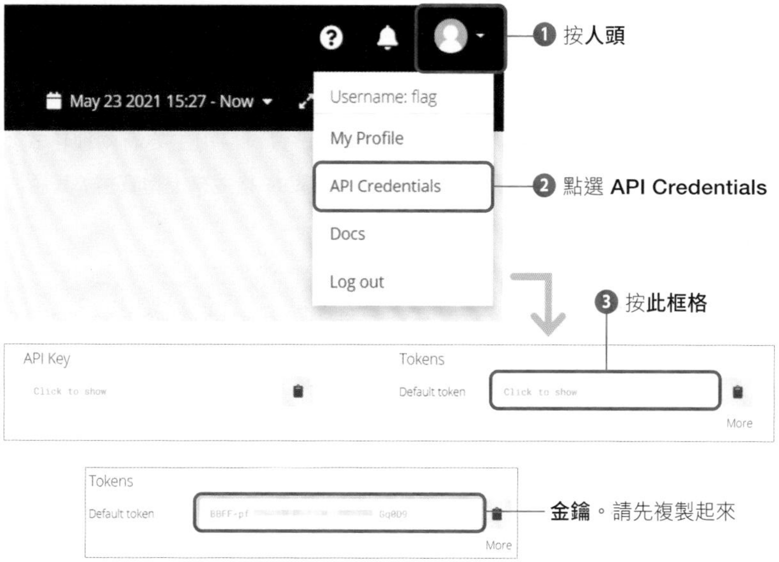

裝置(device)、變數(variable)

Ubidots 平台的結構分為**裝置 (devices)** 和**變數 (variable)** 兩層：

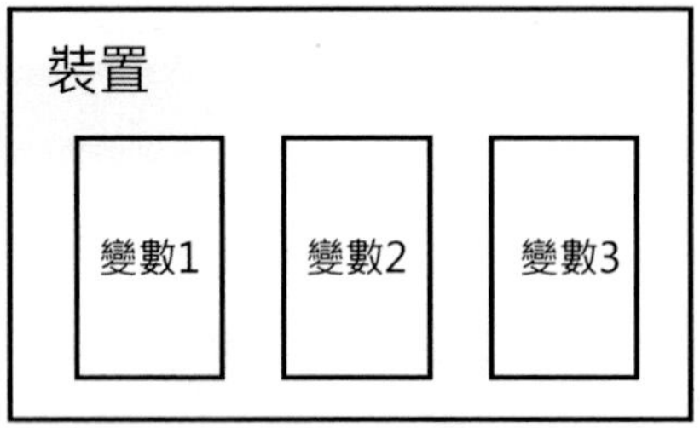

一個帳號可以有好幾個裝置 **(如果是免費帳號為 3 個裝置)**，一個裝置裡面含有多個變數，**裝置**與**變數**可以任意取名。

上傳資料前可以不用先在帳號下建立**裝置**和**變數**，因為上傳資料時如果指定的裝置和變數不存在，Ubidots 平台會自動幫你建立。

發出請求

用 **POST 方法**上傳時網址與資料是分開的，資料目前主要有兩種格式：FORM 與 JSON，我們將採用第 5 章介紹的 JSON 格式來上傳資料，其語法如下：

```
>>>  import urequests
>>>  data = {"變數名稱":資料} ←以 Python 字典來設定要上傳的變數和資料
>>>  headers = {"X-Auth-Token":金鑰}
>>>  urequests.post("請求網址", json = data, headers = headers)
```

只要將 Python 字典帶入 urequests.post() 的 json 參數，urequests 就會自動將字典的資料轉換成 JSON 格式。

POST 的內容包含了**標頭 (Headers)**、**負載 (Payload)**，標頭包含瀏覽器和伺服器間的相關資訊，例如：編碼、時間；負載的內容包含要傳送的資訊，例如：數值。而本實驗中**金鑰**屬於標頭；**溫度值**屬於負載：

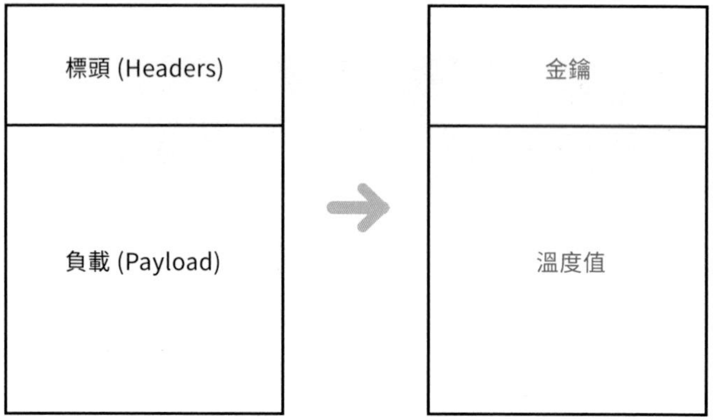

而 headers=headers 就是將金鑰加入標頭中。

程式設計

```
from machine import Pin, ADC
import time
import network
import urequests
import gc

adc_pin=Pin(32)
adc = ADC(adc_pin)
adc.width(ADC.WIDTH_12BIT)
adc.atten(ADC.ATTN_11DB)

# 連線至無線網路
sta=network.WLAN(network.STA_IF)
sta.active(True)
```

```
15  sta.connect('無線網路名稱', '無線網路密碼')
16
17  while not sta.isconnected() :
18      pass
19
20  print('Wi-Fi 連線成功')
21
22  device_label = "ESP32"          # 裝置名稱
23  variable_label = "temperature"  # 變數名稱
24  token = "Ubidots 金鑰"
25
26  url = "https://things.ubidots.com/api/v1.6/devices/"+ device_label
27
28  while True:
29      gc.collect()
30      vol = (adc.read()/4095)*3.6
31      tem = (vol-0.5)*100
32      print('目前溫度:', tem)
33      data = {variable_label:tem}
34      headers = {"X-Auth-Token":token}
35      res = urequests.post(url, json = data, headers = headers)
36      if(res.status_code == 200):
37          print("傳送成功")
38      else:
39          print("傳送失敗")
40          print("錯誤碼：", res.status_code)
41      res.close()
42      time.sleep(60)
```

- 第 5、29 行：ESP32 的內建模組，匯入後可以使用 **collect() 方法**整理 ESP32 的記憶體，避免網站回傳的資料佔太多記憶體空間。

⚠ ESP32 使用 POST 方法傳送資料後，伺服器 (這邊指的是 Ubidots) 也會回傳資料給 ESP32。

- 第 15 行：填入無線網路名稱和密碼。
- 第 22-23 行：裝置和變數的名稱。
- 第 24 行：填入 Ubidots 網站上複製的金鑰
- 第 42 行：溫度值在短時間不太會有劇烈變化，所以 1 分鐘上傳一次資料即可。

測試程式

請按 F5 執行程式，當 ESP32 連上指定無線基地台後，即可看到**互動環境**顯示『Wi-Fi 連線成功』，並顯示**目前溫度**和**傳送成功的字樣**：

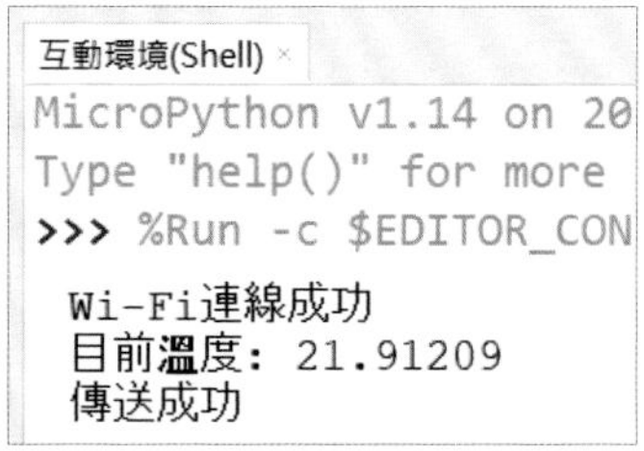

❹ 點選 **temperature**

程式發出請求後，Ubidots 自己建立的 **temperature 變數**

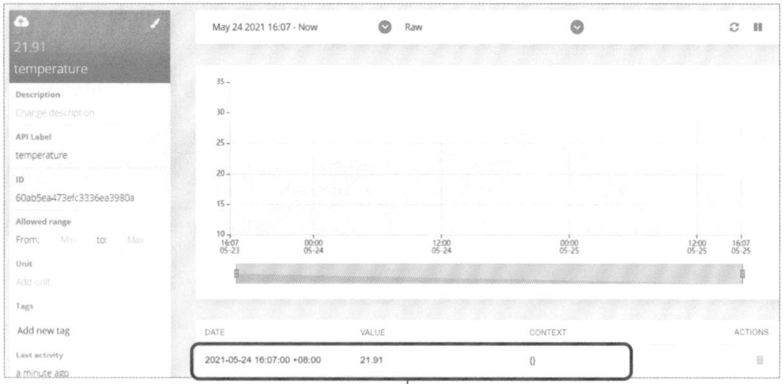

程式上傳的溫度

當看到以下內容就代表溫度資料上傳成功。接下來等待一分鐘後 ESP32 會再次上傳溫度值：

```
MicroPython v1.14 on 2021-02-02; ESP32 m
Type "help()" for more information.
>>> %Run -c $EDITOR_CONTENT
 Wi-Fi連線成功
 目前溫度: 21.91209
 傳送成功
 目前溫度: 20.5934
 傳送成功
```

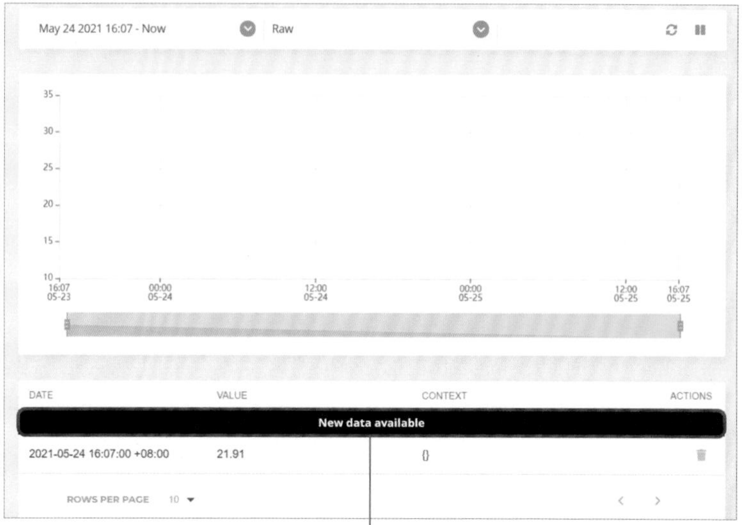

上傳成功後，會出現 **New data available** 按鈕，**點選它**來更新資料

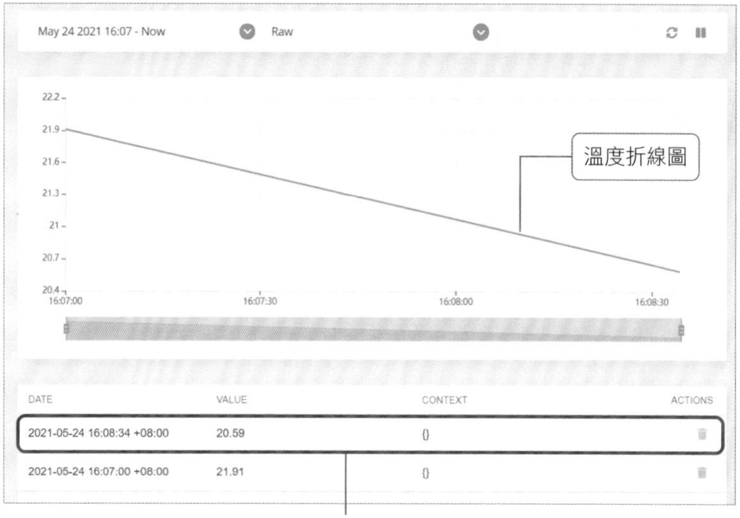

第二筆資料

但如果每次都需要按 **New data available** 鍵才可以更新資料實在有點麻煩，因此我們使用 Ubidots 的**儀表板 (dashboard)** 功能，它會自己更新資料內容，不需要手動更新：

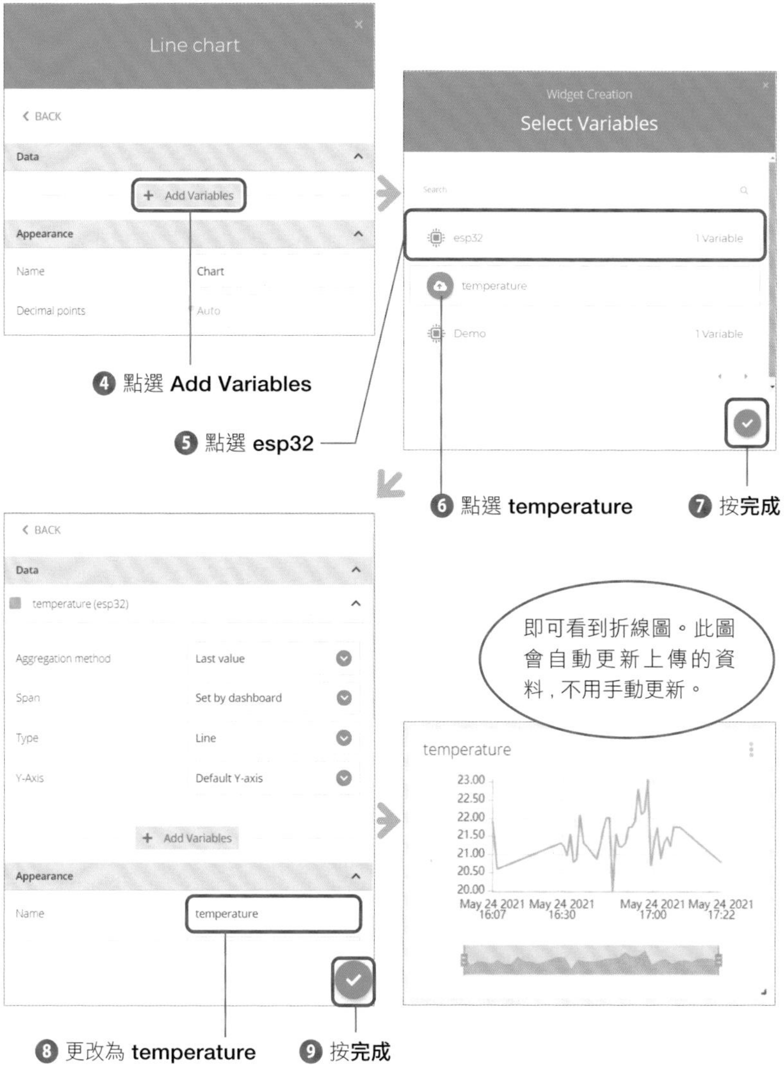

▲ 上圖是筆者放一陣子後得到的折線圖，所以有多筆資料。

儀表板除了顯示在自己的帳號下，還可以**分享**出去：

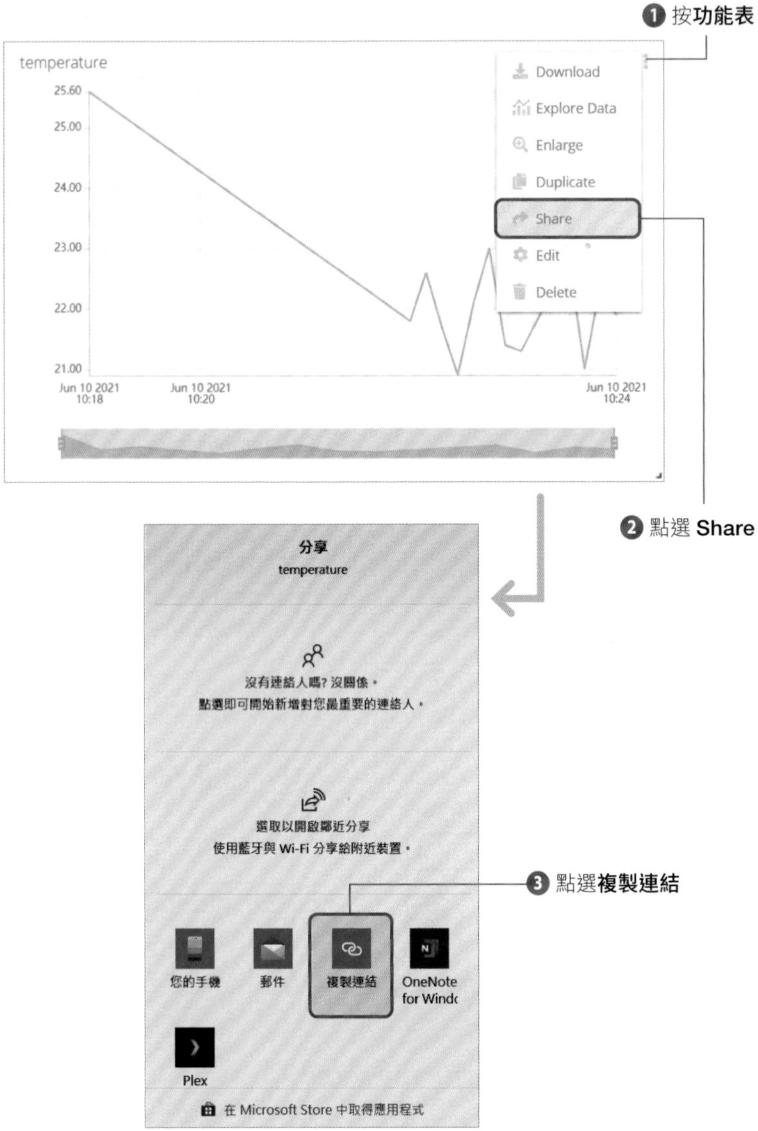

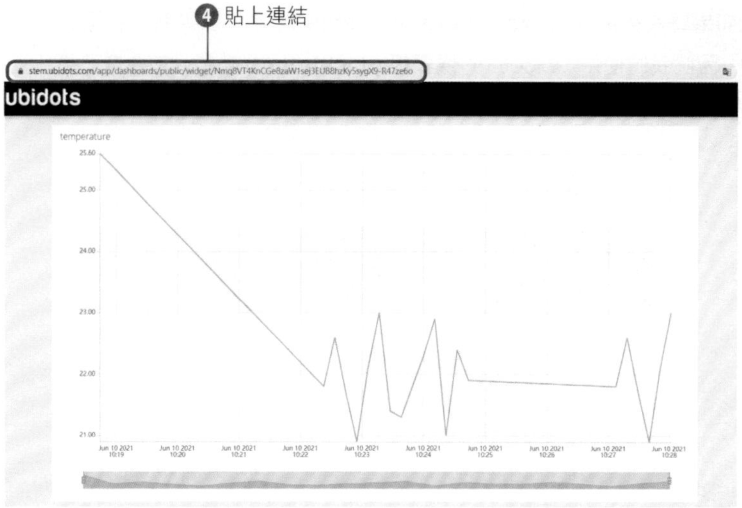

▲ 不用登入帳號一樣可以看到此畫面，而且會自動更新。

到此就完成我們的**雲端溫度紀錄儀**。

MEMO

CHAPTER 07

自製網頁控制器

在第 3 章中使用『藍牙』控制伺服馬達轉動，雖然這是方便好用的辦法，但還是存在一些問題，例如需要下載指定 App 才可以使用。而這個問題可以改用『網路』來解決，就讓我們一起看下去吧！

7-1 讓 ESP32 控制板變成網站

如果要使用**網路**控制伺服馬達，有一種方法是讓 ESP32 控制板變成**網站**，並用它來接收手機或電腦送來的指令，因此只要有**瀏覽器**的裝置，就可以用來控制伺服馬達，不用下載指定的 App。

ESPWebServer

要讓 ESP32 變成網頁，可以使用 ESPWebServer 模組，透過簡單的 Python 程式提供網站的功能。使用前需要先**上傳模組**：

啟用網站

先匯入 ESPWebServer 模組，接著再啟用網站功能：

```
import ESPWebServer          # 匯入模組
ESPWebServer.begin(80)       # 啟用網站
```

這裡傳入的 80 稱為**連接埠編號**，就像是公司內的分機號碼一樣，其中 80 號連接埠是網站預設使用的編號，就像總機人員分機號碼通常是 0 一樣。如果更改了這裡的編號，稍後在瀏覽器鍵入網址時，就必須在位址後面加上 ": 編號 "。例如，若網站的 IP 位址為 "192.168.100.38"，啟用網站時將編號改為 5555，那麼在瀏覽器的網址列中就要輸入 "192.168.100.38:**5555**"，若保留 80 不變，網址就只要寫 "192.168.100.38"，瀏覽器就知道你指的是 "192.168.100.38:**80**"。

處理指令

啟用網站後，還要決定如何處理接收到的指令（也稱為『請求 (requests)』)，這可以通過以下程式完成：

```
ESPWebServer.onPath("/Door", handleCmd)
```

第 1 個參數是**路徑**，也就是指令名稱，開頭的 "/" 表示**根路徑**，需要的話還可以再用 "/" 分隔名稱做成多階層的指令架構。個別指令可透過第 2 個參數指定專門處理該指令的對應函式。在瀏覽器網址中指定路徑的方式如下：

```
http://192.168.100.38/Door
```

尾端的 "/Door" 就是路徑，指令還可以像是函式一樣傳入參數附加額外的資訊，附加參數的方法如下：

```
http://192.168.100.38/Door?status=open
```

指令名稱後由問號隔開的部分就是參數，由『參數名稱 = 參數內容』格式指定。本節的範例會使用名稱為 status 的參數來切換馬達轉動，參數內容為 "open" 時轉至 0 度，"close" 時轉至 90 度。

對應路徑 (指令) 的處理工作則是交給指定的函式來處理，在剛剛的例子中就指定由 **handleCmd** 來處理 "/Door" 路徑的請求。處理網站指令的函式必須符合以下規格：

```
def handleCmd(socket, args):
        ...
```

第 1 個參數是用來進行網路傳輸用的物件，要傳送回應資料給瀏覽器時，就必須用到它。第 2 個參數是一個**字典物件**，內含隨指令附加的參數，你可以透過 **in 判斷**字典中是否包含有指定名稱的元素，並進而取得元素值，即可得到參數內容。例如：

```
def handleCmd(socket, args):
    if "status" in args:               # 判斷是否有名為 status 的參數
        if args["status"] == "open":   # 判斷 status 參數內容是否為 open
            ...
        if args["status"] == "close":
            ...
```

如此即可依據參數內容進行對應處理。

回應資料給瀏覽器

瀏覽器送出指令後會等待網站回應資料，程式在處理完指令後，可以使用以下程式傳送資料回去給瀏覽器：

```
# 指令正確執行
ESPWebServer.ok(socket, "200", "OK")
# 若指令執行發生錯誤，例如參數不正確
ESPWebServer.err(socket, "400", "ERR")
```

第 1 個參數就是處理指令的函式收到的傳輸用物件，第 2 個參數為狀態碼，200 代表指令執行成功、400 則表示錯誤。最後一個參數就是實際要傳送回瀏覽器的資料，這可以是純文字或是 HTML 內容。

檢查新收到的請求指令

為了讓剛剛建立的網站運作，我們還需要在主程式中加入無窮迴圈，持續檢查是否有收到新的指令，執行對應的指令處理函式：

```
while True:
    ESPWebServer.handleClient()
```

取得 ESP32 的 IP

若要檢查連上網路後的相關設定，可以呼叫網路介面物件的 **ifconfig()**:

```
>>> sta.ifconfig()
('192.168.100.39', '255.255.255.0', '192.168.100.254',
 '168.95.192.1')
```

ifconfig() 傳回的資料格式是**元組 (tuple)**, 當中共有 4 個元素，依序為**網路位址 (Internet Protocol address, 簡稱 IP 位址)**、**子網路遮罩 (subnet mask)**、**閘道器 (gateway) 位址**、**網域名稱伺服器 (Domain Name Server, 簡稱 DNS 伺服器) 位址**。如果只想顯示其中單項資料，可以使用索引值 (index) 將其取出，例如以下即可顯示 **IP 位址**：

```
>>> sta.ifconfig()[0]
192.168.100.39
```

在瀏覽器中就可以依據 IP 位址來輸入網址。

LAB12 無線網路門鎖遙控器

實驗目的	使用手機或電腦的瀏覽器當作控制器來控制伺服馬達。
材料	• ESP32 • 伺服馬達 • 麵包板 • 杜邦線若干條 • 排針 ▲ 同 LAB02

線路圖

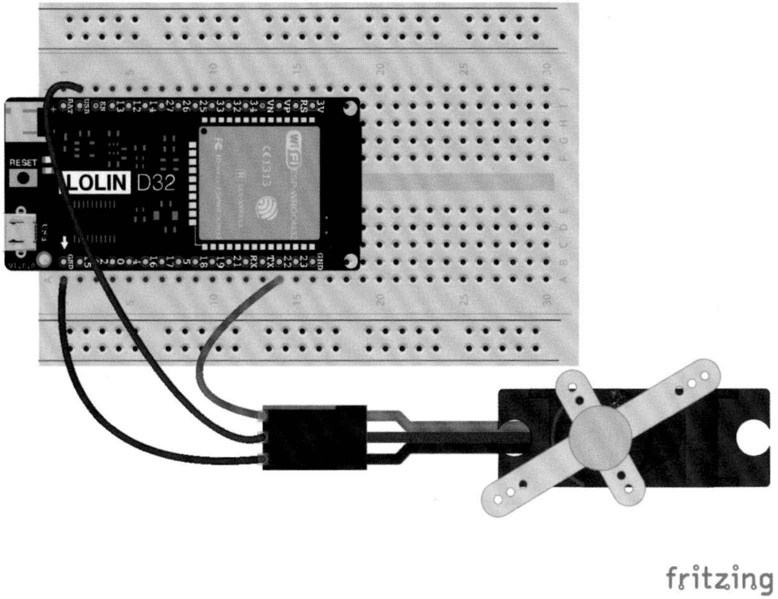

▲ 同 LAB02

設計原理

我們會將 ESP32 變成網頁，接著使用手機或電腦發出指令。指令包含**打開**和**關閉**。

假設 ESP32 的 IP 位址為 192.168.100.38, 那麼**打開**的指令如下：

```
http://192.168.100.38/Door?status=open
```

關閉的指令如下：

```
http://192.168.100.38/Door?status=close
```

兩者的差異在**參數值**，一個是 "open", 另一個是 "close"。ESP32 這邊則是根據此參數值來決定伺服馬達的角度：

```
if args["status"] == "open":   # 判斷 status 參數內容是否為 open
    my_servo.write_angle(0)    # 馬達轉至 0 度
if args["status"] == "close":  # 判斷 status 參數內容是否為 close
    my_servo.write_angle(90)   # 馬達轉至 90 度
```

程式設計

```
01  from servo import Servo
02  import network
03  import ESPWebServer
04  from machine import Pin
05
06  def handleCmd(socket, args):
07      if 'status' in args:
08          print(args['status'])
09          if args['status'] == 'open':
10              my_servo.write_angle(0)
11          elif args['status'] == 'close':
12              my_servo.write_angle(90)
13          ESPWebServer.ok(socket, "200", "OK")
14      else:
15          ESPWebServer.err(socket, "400", "ERR")
16
17  # 建立伺服馬達物件
18  my_servo = Servo(Pin(22))
19
20  sta = network.WLAN(network.STA_IF)
21  sta.active(True)
22  sta.connect('無線網路名稱', '無線網路密碼')
23  while(not sta.isconnected()):
24      pass
25
26  print('Wi-Fi 連線成功')
27
28  ESPWebServer.begin(80)
29  ESPWebServer.onPath("/Door", handleCmd)
30  print("伺服器位址：" + sta.ifconfig()[0])
31
32  while True:
33      ESPWebServer.handleClient()
```

- 第 6-15 行：處理指令的函式，根據參數值來執行對應的程式區塊。
- 第 22 行：填入無線網路名稱和密碼。

測試程式

請按 F5 執行程式，當 ESP32 連上指定無線基地台後，即可看到**互動環境**顯示『Wi-Fi 連線成功』, 並顯示 **ESP32 目前的 IP 位址**：

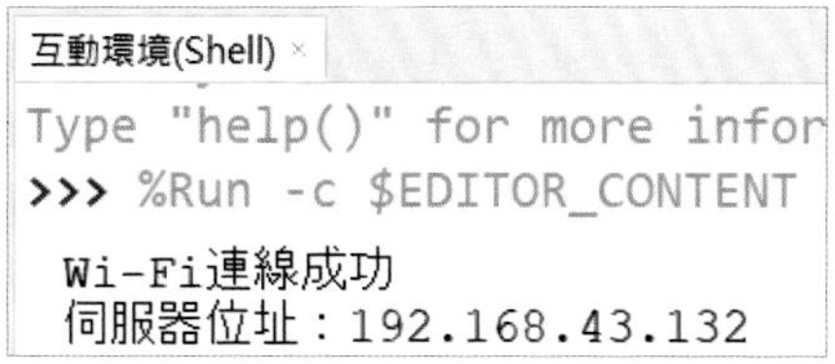

⚠ 讀者看到的 IP 位址不一定會與書上相同，請以自己顯示的為主。

接下來拿出手機或電腦連接無線網路，此無線網路必須與 **ESP32 連線的無線網路同一個**，這樣才可以根據 IP 位址尋找到對應的裝置。

連上無線網路後，開啟瀏覽器下指令：

在網址列輸入 **http://IP 位址 /Door?status=open** 來執行『打開』指令

左上角會顯示 **OK**，這是 ESP32 回傳給瀏覽器的文字。

此時伺服馬達會轉動至 0 度。

⚠ 如果馬達沒轉動，可能是因為馬達目前位置就是在 0 度，所以才沒有轉動。

Thonny 的**互動環境**會顯示收到的參數值：

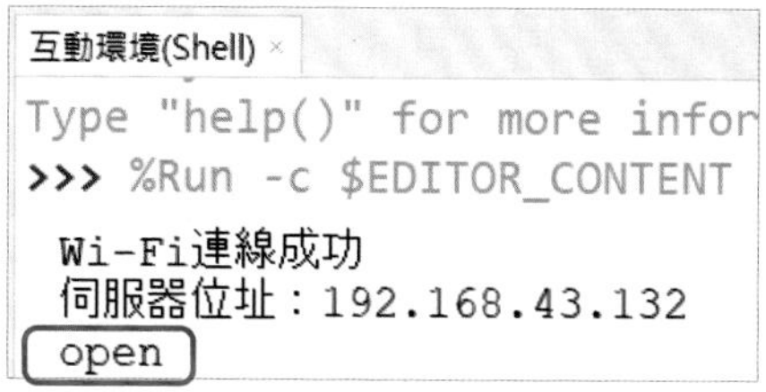

『打開』成功後，換試試『關閉』：

輸入 **http://IP 位址 / Door?status=close** 來執行『關閉』指令

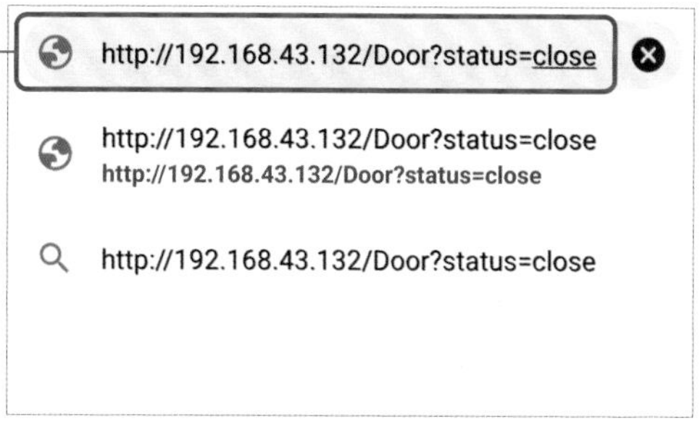

左上角會顯示 **OK**

此時伺服馬達會轉動至 90 度。Thonny 的互動環境會顯示 **close**：

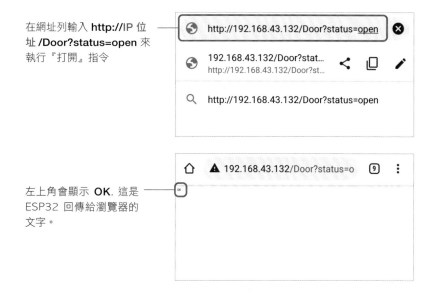

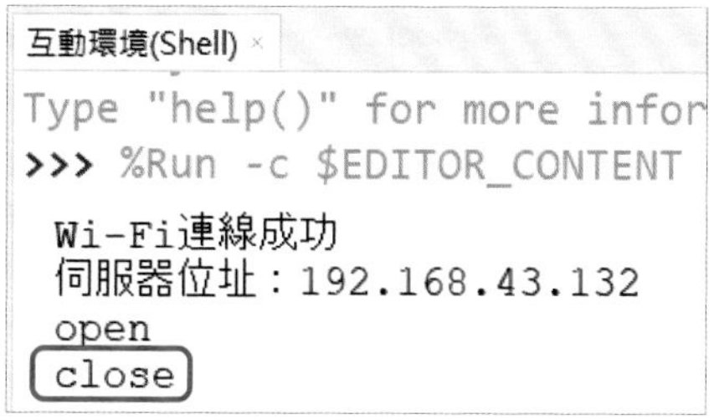

7-2 使用 HTML 網頁簡化操作

前一節的範例雖然可以正確運作，不過下指令還要打一長串的網址，如果能夠提供 **HTML 網頁**讓使用者直接點選連結，就會更容易操作了。

上傳 HTML 網頁到 ESP32

要使用 HTML 網頁，需要先上傳**網頁檔案**到 ESP32：

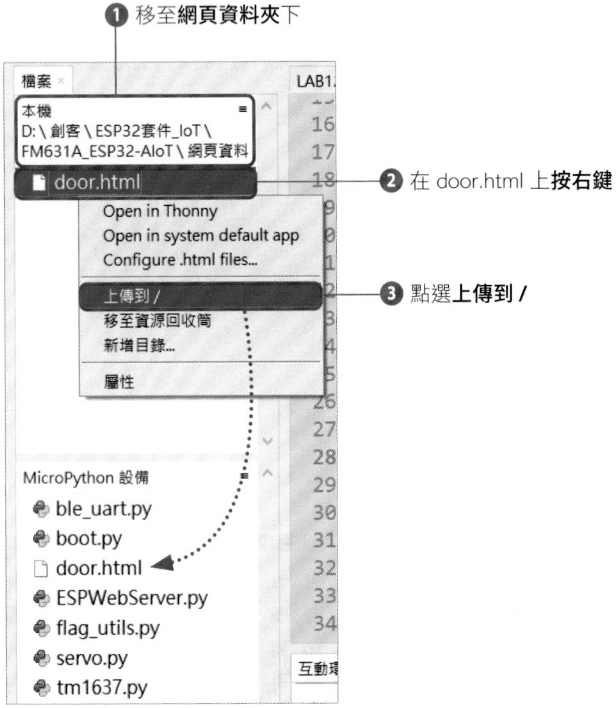

LAB13 網頁門鎖遙控器

實驗目的	使用 HTML 網頁代替手動輸入網址。
材料	同 LAB12

線路圖

同 LAB12

設計原理

本實驗會在瀏覽器輸入網頁路徑：

```
http://192.168.100.38/door.html
```

ESP32 會回傳 door.html 檔給瀏覽器，內容如下：

```
<!DOCTYPE html>
<html>
<head>
  <meta charset='UTF-8'>
  <meta name='viewport'
    content='width=device-width, initial-scale=1.0'>
  <title>門鎖</title>
</head>
<body>
  <h1>
    <a href='/Door?status=open'>打開</a> 或
    <a href='/Door?status=close'>關閉</a></h1>
</body>
</html>
```

其中第 11、12 行就是建立『打開』、『關閉』的連結，讓使用者可以直接點選。

程式設計

同 LAB12

測試程式

請按 F5 執行程式，當 ESP32 連上指定無線基地台後，即可看到**互動環境**顯示『Wi-Fi 連線成功』，並顯示 **ESP32 目前的 IP 位址**：

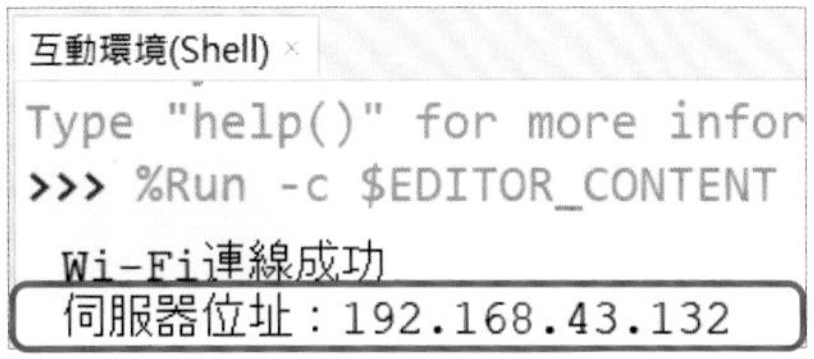

接下來拿出手機或電腦連接無線網路，並開啟瀏覽器：

▲ 手機或電腦與 ESP32 必須連同個無線網路。

輸入 **http://IP 位址 /door.html**

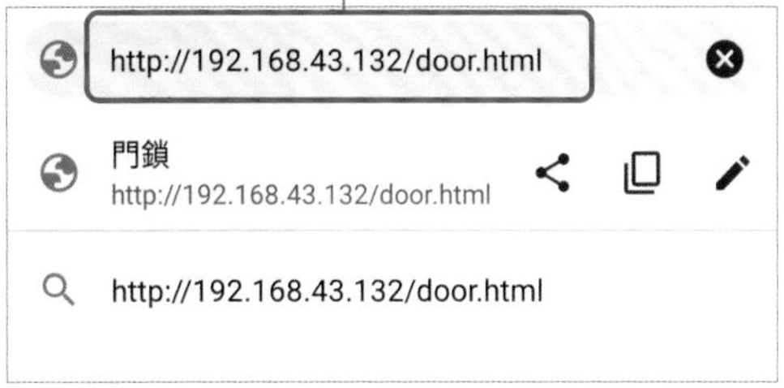

▲ 如果沒有出現以上畫面，可以檢查網路連線是否與 ESP32 相同，或是沒有上傳網頁資料 (可參考 P.74)。

點選**打開**或**關閉**，可以得到與 **LAB12** 相同的畫面：

點選後必須按返回或是上一頁，才能回到 door.html 頁面重新點選連結。透過這種方式，就可以提供操作頁面方便使用者遙控伺服馬達了。

CHAPTER 08

AI 應用 - 人臉偵測、辨識

AI 是現在非常火熱的技術，手機上的語音助理、相機 App 裡的人臉偵測都是 AI 常見的應用，它讓我們的生活變得更加智慧。這一章就讓我們實作出不需倚賴雲端即可在手機 / 電腦端完成的『年齡探測器』和『人臉辨識門鎖』吧！

8-1 AI 簡介

AI 是人工智慧 (Artificial Intelligence) 的簡寫，這個名詞出自於**達特矛斯會議**，主要的意思是：『讓機器的行為，看起來像是人所表現的智慧行為一樣』。

早期的 AI 是電腦根據工程師給定的規則工作，但如果遇到人類無法解決的問題時，電腦也無法解決。近幾年的 AI 則是使用**機器學習**的方式，人類只需要提供資料，電腦則會根據資料來自己學習。

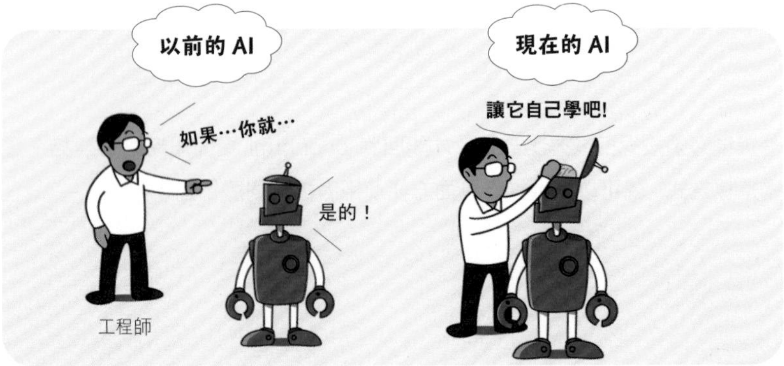

8-2 人臉偵測

人臉偵測是現在 AI 非常普及化的應用，像是在相機中，它可以幫我們確認人臉的位置並調整焦距，使拍出來的照片更加好看：

偵測到人臉的框

除了偵測人臉位置外，微軟也有推出一個有趣的**年齡測試**，可以根據人臉判斷年齡。接著我們就來做出類似的功能吧！

開啟攝影機與年齡偵測

我們希望可以透過攝影機取得『即時影像』來偵測人臉，但 ESP32 上沒有攝影機，該怎麼辦呢？最簡單的方法就是拿出我們的**手機**來充當攝影機！

從手機獲得攝影機的即時影像後，我們希望直接在手機進行**人臉偵測**，最後再將辨識結果傳送到 EPS32：

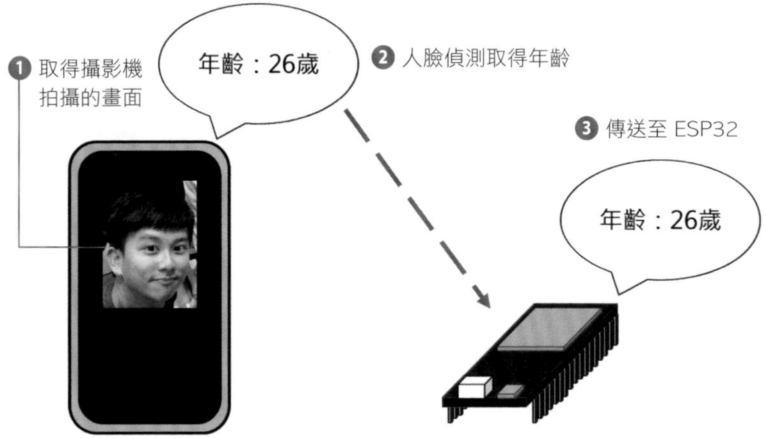

那要怎麼使用手機獲得即時影像跟人臉偵測呢？本套件使用**網頁**透過瀏覽器來做到這兩種功能。我們已經幫各位準備好範例網頁，其中也包含用來偵測人臉所需的 **face-api.js 程式庫**。

⚠ face-api.js 是給網頁用的 JavaScript 程式庫，可在 https://github.com/justadudewhohacks/face-api.js 找到詳細的說明。

⚠ 本套件因為篇幅問題，不會解說 HTML、JavaScript 的相關內容，有興趣的讀者可以打開範例程式中的 **.html**、**.js** 檔查看當中的內容。

8-3 GitHub Pages

要在網頁中透過瀏覽器使用攝影機，網頁必須是透過 HTTPS 加密協定載入，但第 7 章介紹的 ESPWebServer 模組並沒有提供 **HTTPS** 的功能，所以無法在 ESP32 上架設會開啟攝影機的網頁。

⚠ 網頁的傳輸協定有分為 **HTTPS** 和 **HTTP**，兩者差別在於**有沒有加密**，HTTPS 有加密，HTTP 則沒有。為了確保使用者的隱私，只要有使用**攝影機**、**麥克風**的網頁都需要 HTTPS 協定，不能走 HTTP。

為了解決此問題，我們選擇將**網頁架設在 GitHub Pages 上**。GitHub 原本是**檔案版本控制**的雲端平台。不過它提供有一個 GitHub Pages 功能，可以當作**網頁伺服器**使用，只要將 HTML 檔上傳至 GitHub，即可用手機開瀏覽器取得網頁：

⚠ 版本控制的工作就是記錄同一檔案每次更改的地方，並且可在必要時回復到特定的版本，方便我們恣意修改檔案，不用擔心無法回復到正確的內容。

註冊 GitHub 帳號

❶ 輸入 https://github.com/ 到 GitHub 頁面

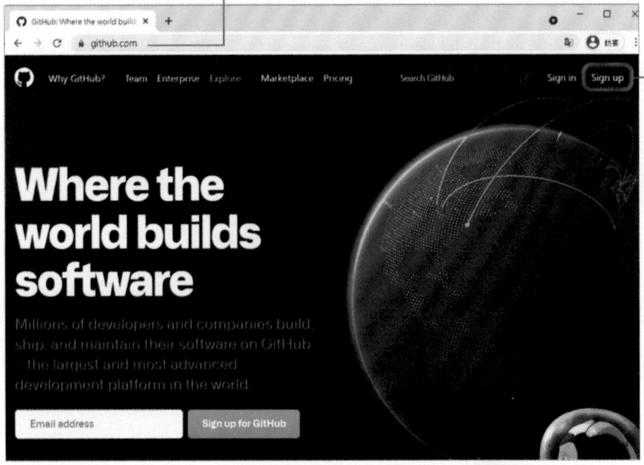

❷ 按 Sign up

❸ 輸入使用者名稱

❹ 輸入電子信箱

❺ 輸入密碼

❻ 按 Create account

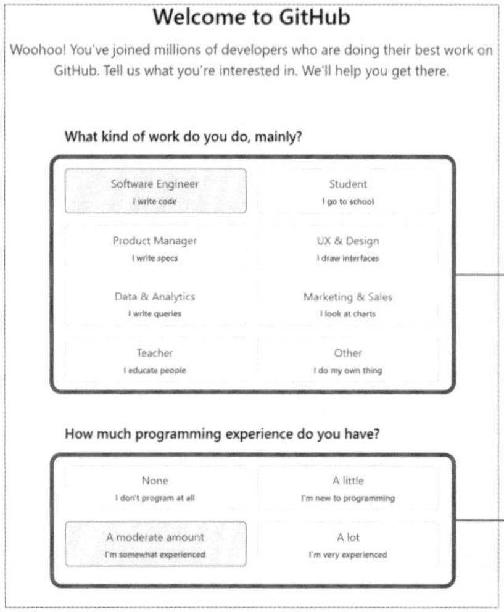

❼ 選擇職業

❽ 選擇程式經驗

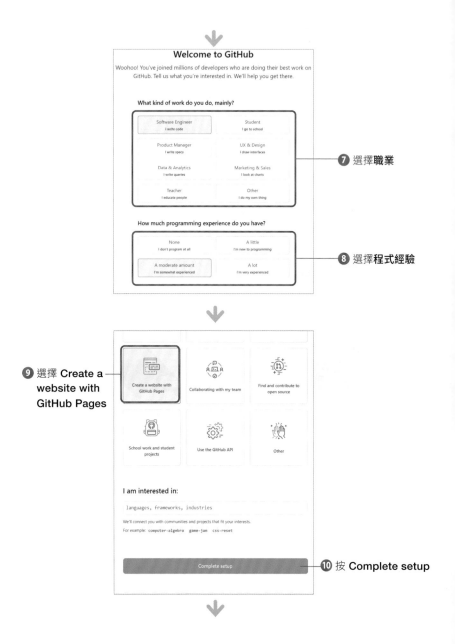

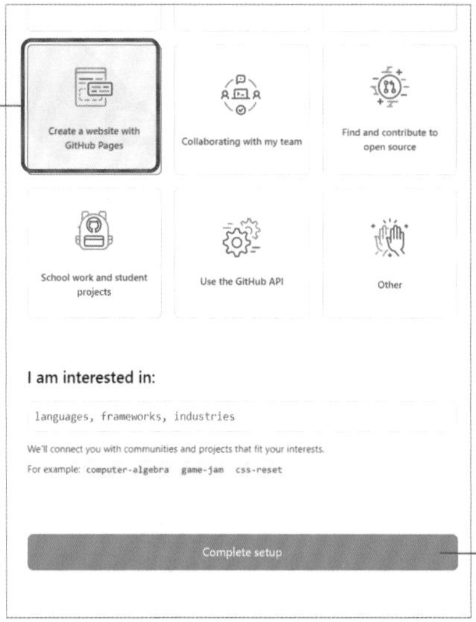

❾ 選擇 Create a website with GitHub Pages

❿ 按 Complete setup

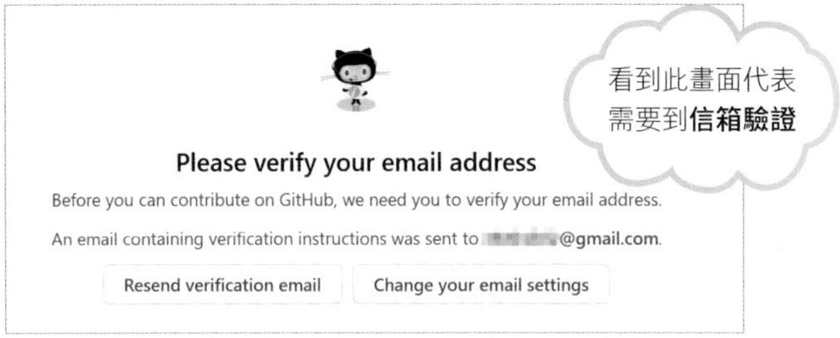

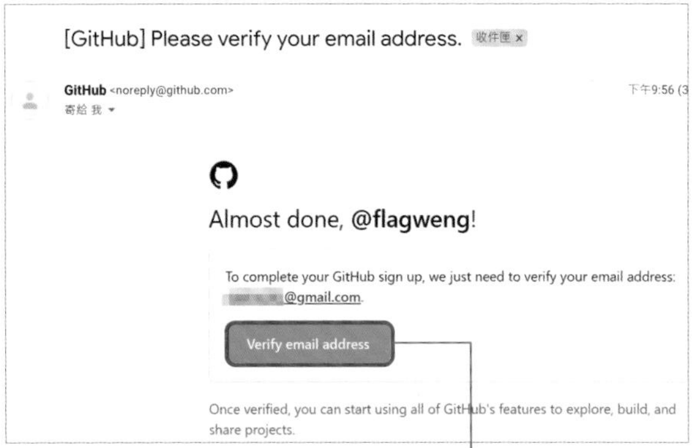

⓫ 在收到的驗證信中**按此驗證**

⓬ 按此回到 GitHub 主畫面

使用 GitHub

建立倉庫

Github 的使用是以**倉庫 (repository)** 為單位，倉庫內可以存放各式各樣的檔案，接著我們就要建立一個專屬於 Github Pages 的倉庫，讓我們可以存放後續實驗所需的網頁。

❶ 按 **Create repository** 建立倉庫

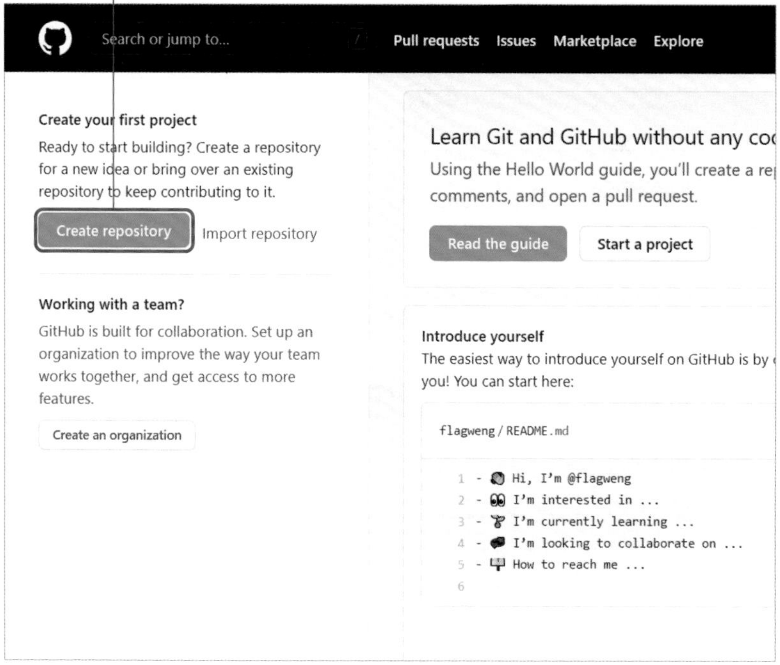

2 倉庫名稱。輸入
使用者名稱 **.github.io**

3 按 **Create repository**

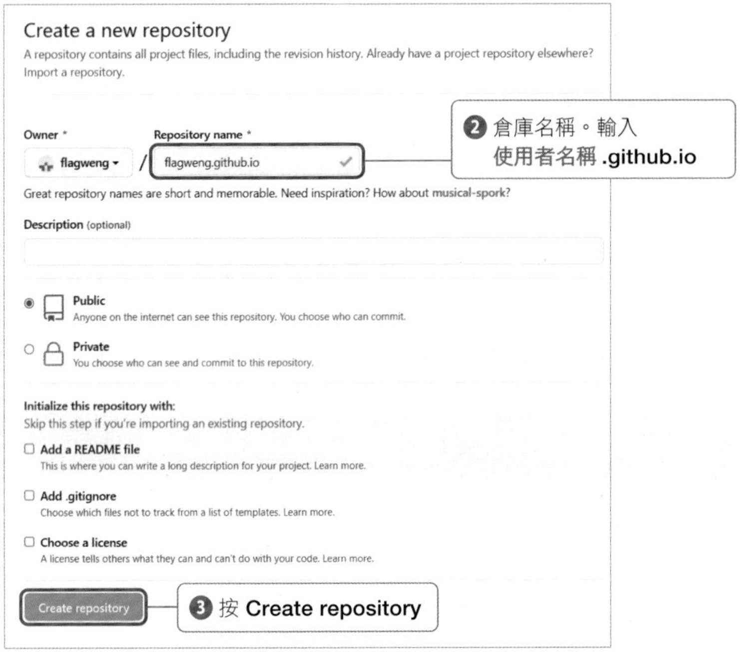

⚠ Github Pages 的倉庫名稱一定要是**使用者名稱**加上 **.github.io**。

看到此畫面代表
建立倉庫成功

上傳檔案

建立倉庫後,就來試試看上傳檔案:

1 開啟**下載範例檔案的資料夾**,
並切換到『**網頁資料**』資料夾

2 開啟 **test.txt**

檔案內容

確認完檔案內容後,將它上傳到 GitHub:

1 按 **uploading an existing file**

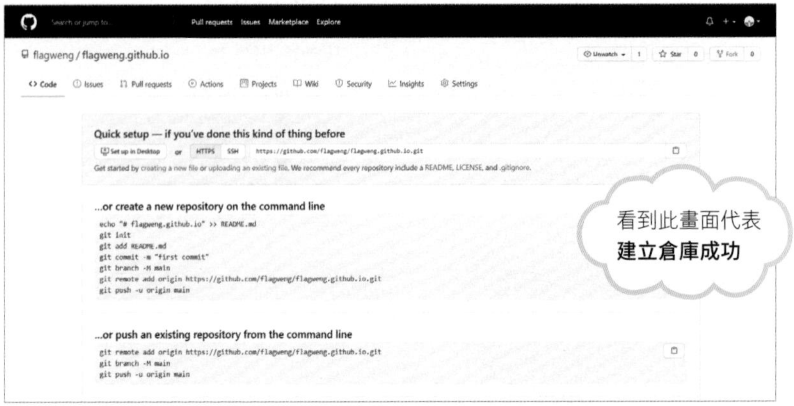

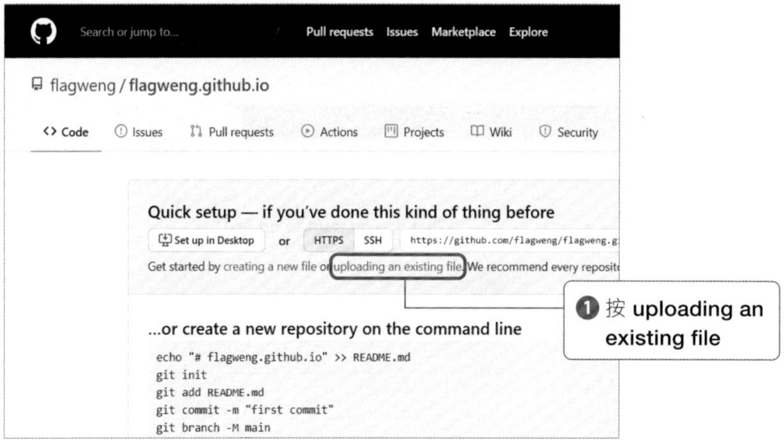

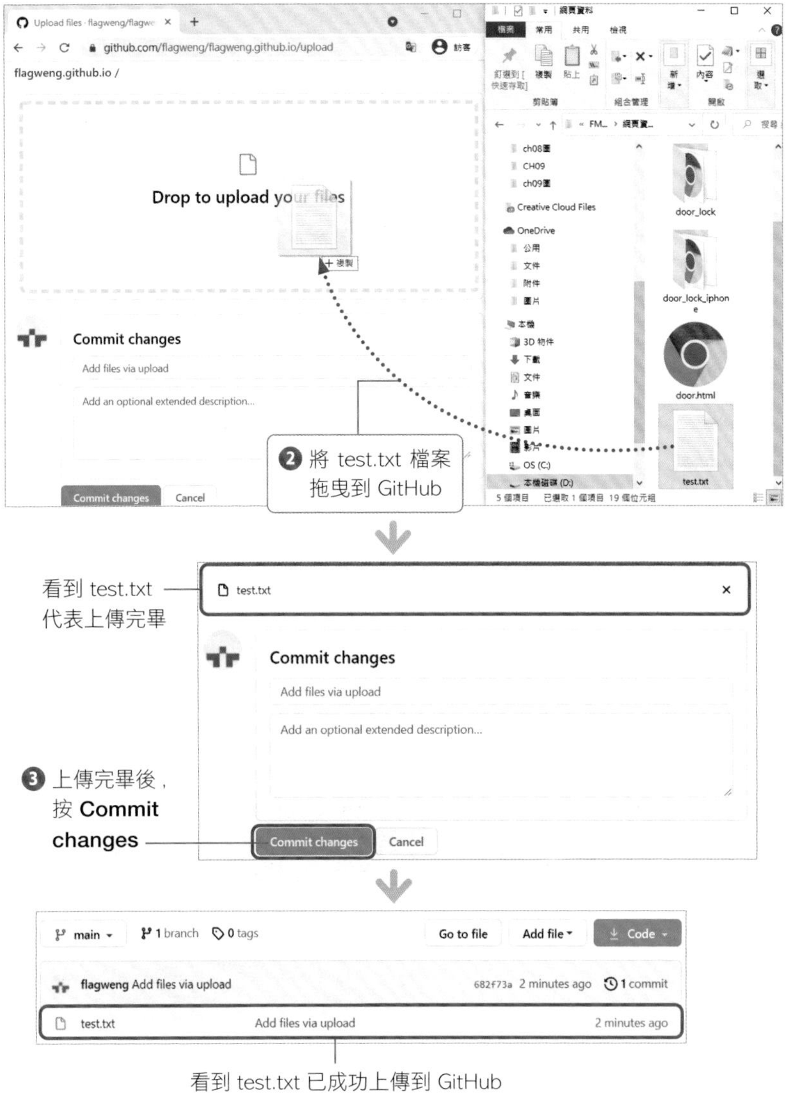

▲ 將檔案放入倉庫的動作稱為 **commit**，除了儲存檔案外，也會記錄不同時間儲存的檔案內容，以便能夠回復到特定時間點的內容。

測試 GitHub Pages

將檔案成功上傳到 GitHub 後，在瀏覽器輸入以下網址就能看到檔案內容：

```
https://使用者名稱.github.io/test.txt
```

▲ 請填入自己 GitHub 帳號的使用者名稱。

前半段『**https:// 使用者名稱 .github.io/**』是 GitHub Pages 的伺服器網址，後半段則是**檔案名稱**。

輸入完畢後，即可看到以下畫面：

▲ 如果 test.txt 是在名為 **first 的資料夾**底下，可以使用『/』來做分層，例如 https:// **使用者名稱** .github.io/first/test.txt

8-4 Adafruit IO

前一節將網頁架設到 GitHub Pages 後，解決了伺服器的問題，接著要能夠將辨識結果傳送給 ESP32。我們採取的方式是將辨識到的結果傳送到 IoT 平台：**Adafruit IO**，再使用 ESP32 從 Adafruit IO 取回結果。

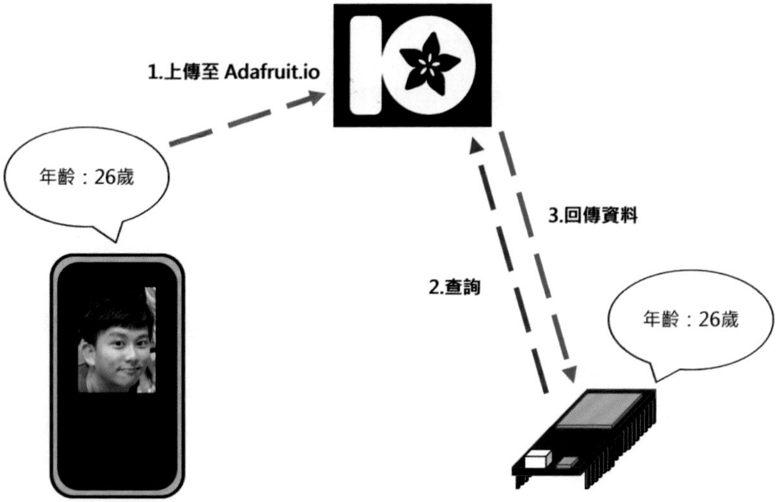

Adafruit IO (後續簡稱 AIO) 是 Adafruit 公司提供的 IoT 平台，它可以用來**存放**和**取得**資料。要使用 AIO 的服務前，我們需要先註冊帳號：

⚠ Adafruit IO 和前面使用過的 Ubidots 功能類似，不過它提供的 API 簡單易用，所以這裡我們使用它。

註冊帳號

❶ 輸入 **https://io.adafruit.com** 到 AIO 首頁

❷ 按 **Get Started for Free**

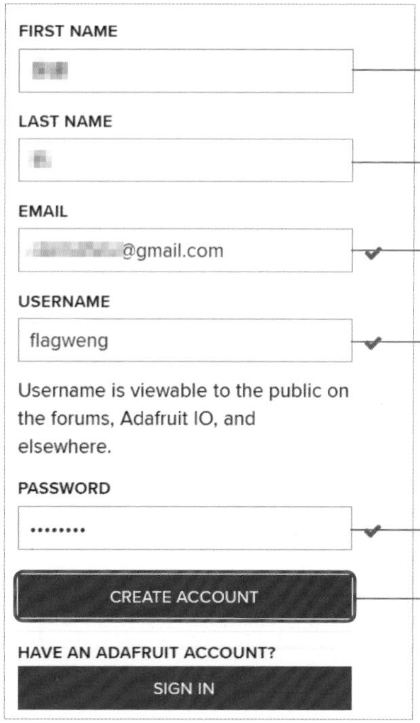

❸ 輸入**名字**（中英文皆可）

❹ 輸入**姓氏**（中英文皆可）

❺ 輸入**信箱**

❻ 輸入使用者名稱（**請輸入英文**）

❼ 輸入**密碼**

❽ 按 **CREATE ACCOUNT**

看到此畫面代表註冊完成

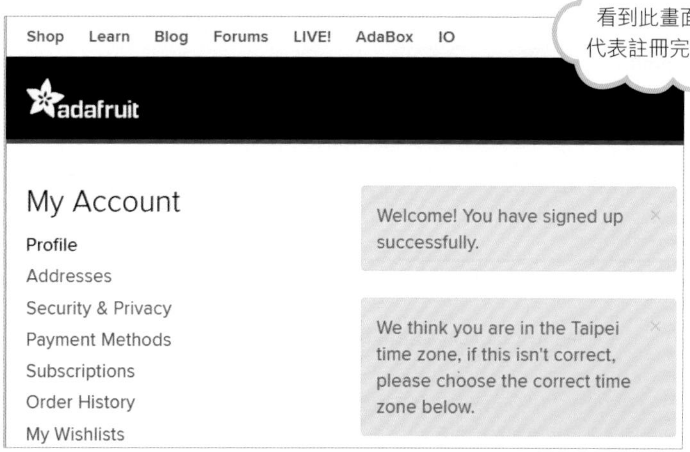

建立 Feed

Feed 是資料來源的意思，我們上傳的資料都會傳放在 Feeds 頁次：

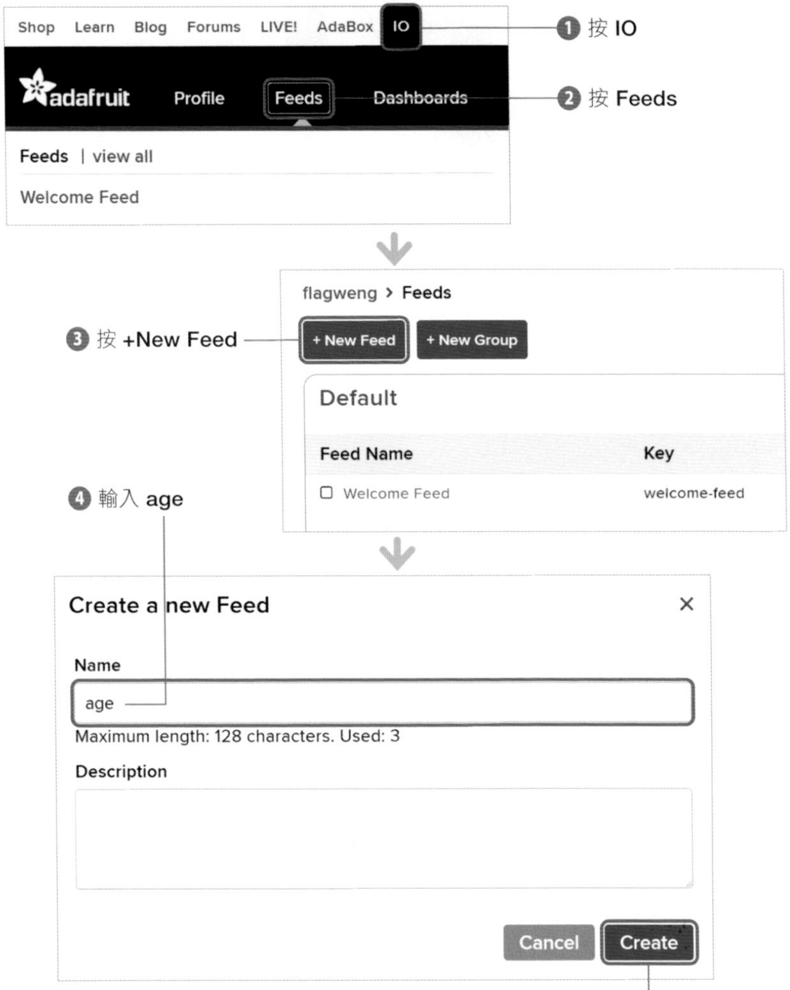

5 按 Create

▲ 名稱必須為 age，因為與後續的程式內容有關。

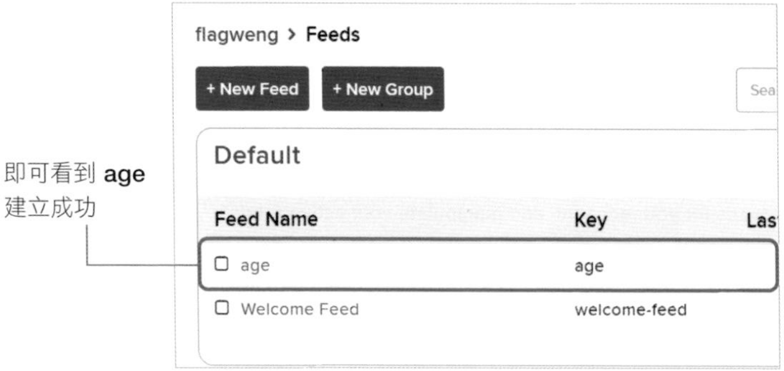

上傳限制與金鑰

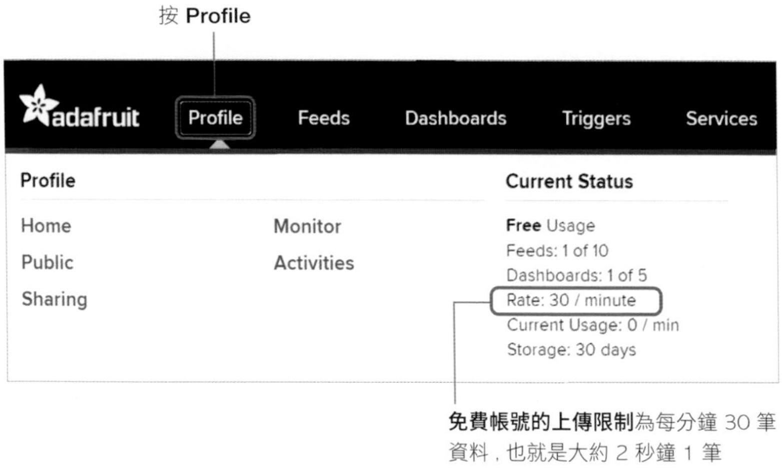

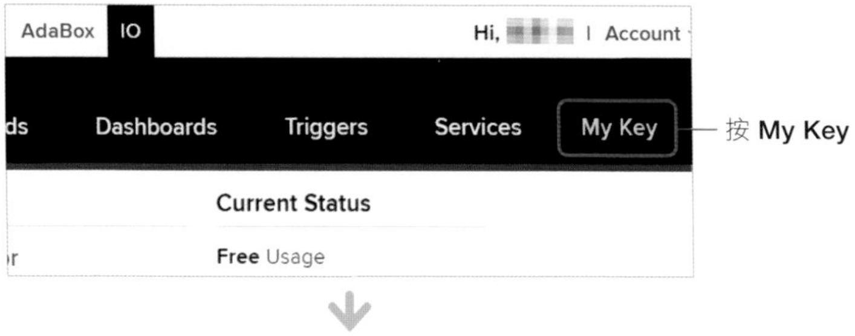

YOUR ADAFRUIT IO KEY

Your Adafruit IO Key should be kept in a safe place and treated with the same care as your Adafruit username and password. People who have access to your Adafruit IO Key can view all of your data, create new feeds for your account, and manipulate your active feeds.

If you need to regenerate a new Adafruit IO Key, all of your existing programs and scripts will need to be manually changed to the new key.

Username flagweng

Active Key aio_ ‧‧‧‧‧‧‧‧‧‧‧‧ c2KP   REGENERATE KEY

Hide Code Samples

Arduino

```
#define IO_USERNAME  "flagweng"
```

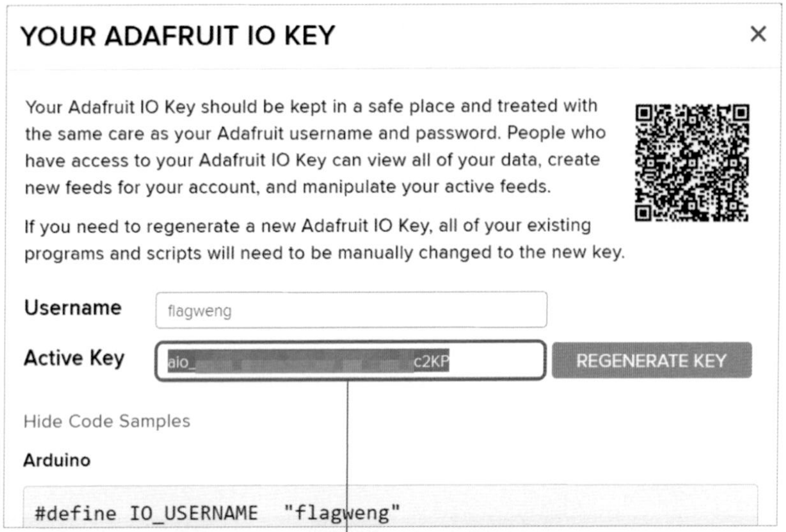

上傳檔案時需要的**金鑰**

LAB14 遊戲室年齡監控站

實驗目的	有個兒童遊戲室年齡限制為 10 歲，為了避免大人隨意闖入，使用 AI 辨識人臉的年齡，如果年齡超過限制，就會發出警報。
材料	● ESP32 ● 蜂鳴器 ● 麵包板 ● 杜邦線若干條 ● 排針

🎲 線路圖

fritzing

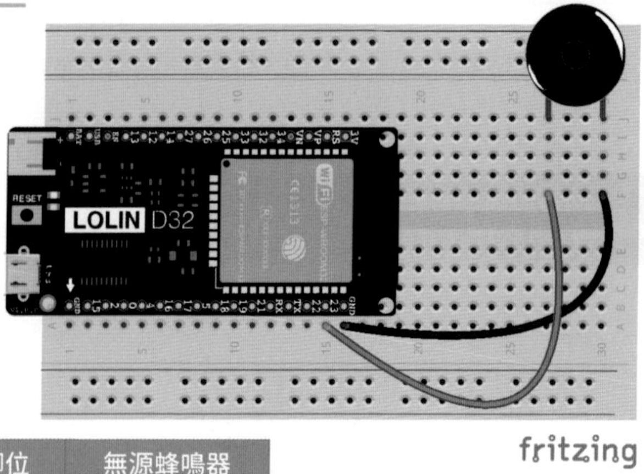

ESP32 腳位	無源蜂鳴器
23	左右腳皆可
GND	左右腳皆可

⚛ 設計原理

首先需要將範例程式中的**網頁資料**上傳到剛剛建立的 GitHub 帳號中，稍後才可以使用手機瀏覽網頁。

上傳網頁檔案

❶ 開啟**下載檔案**，並切換到『網頁資料』資料夾

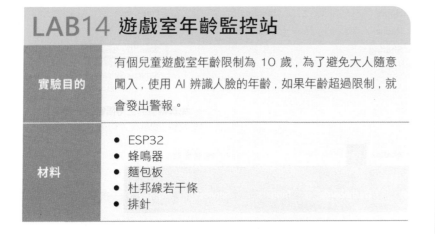

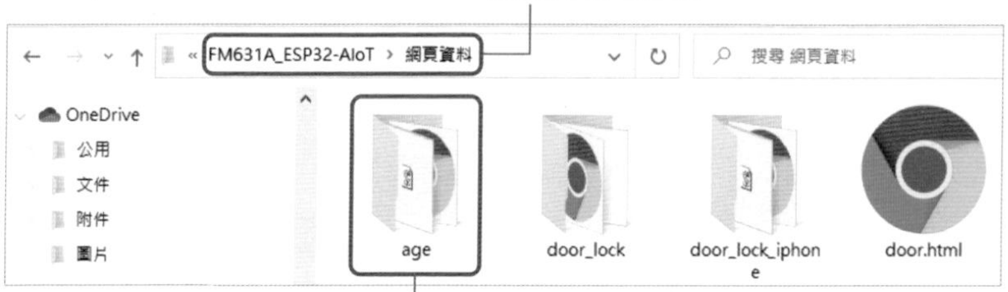

年齡探測器的網頁資料

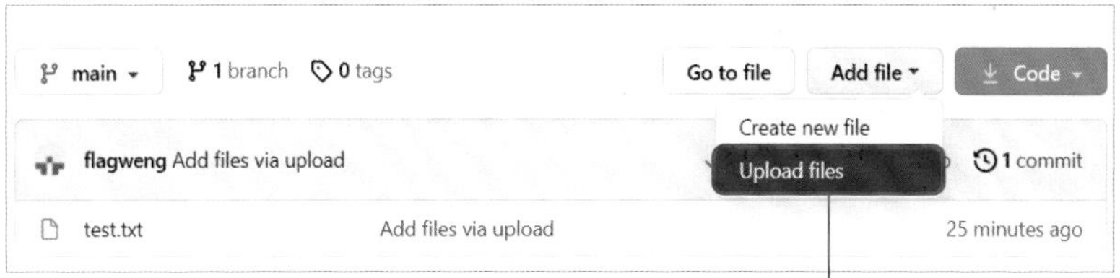

❷ 到 GitHub 網頁按 **Add file/Upload files**

❸ 將 **age 資料夾**拖曳到 GitHub

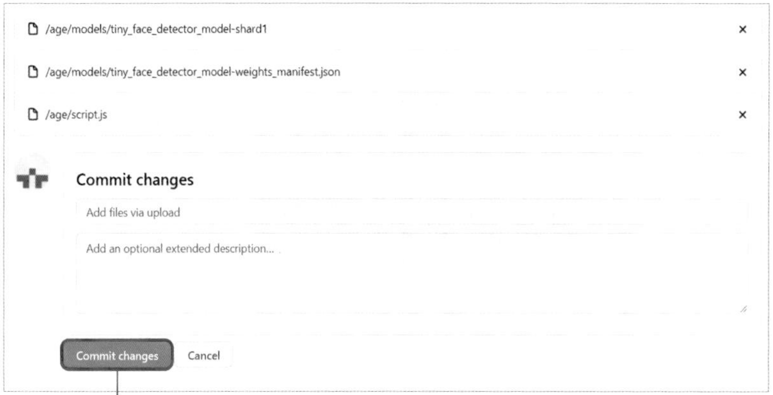

❹ 等待資料全部上傳完畢後，按 **Commit changes**

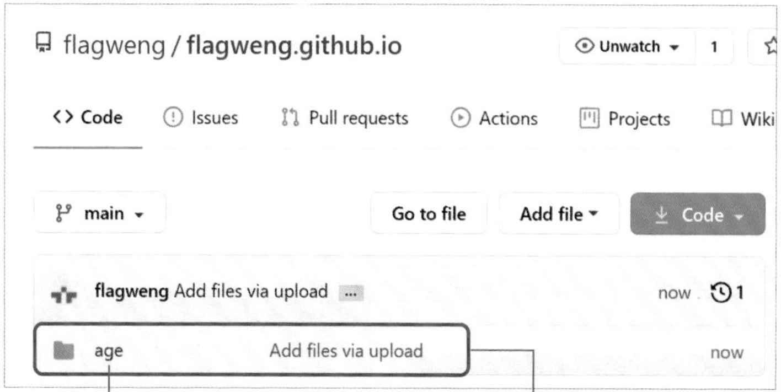

❺ 按 **age**

看到 age 資料夾已成功上傳到 GitHub

人臉偵測、辨識程式庫

人臉偵測辨識模型

網頁檔案

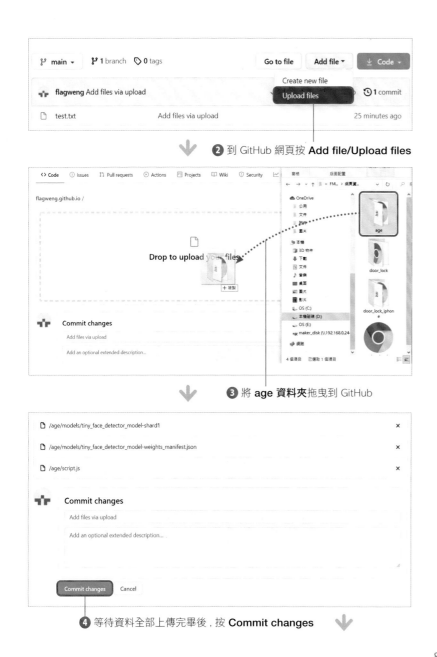

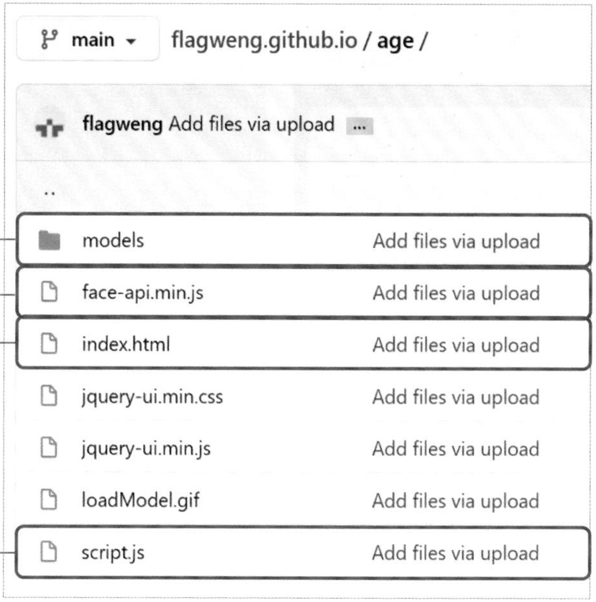

JavaScript 程式檔案

人臉偵測

上傳檔案後，使用手機開啟瀏覽器，輸入以下網址：

```
https://使用者名稱.github.io/age/index.html
```

▲ 請填入自己 github 帳號的使用者名稱。

❶ 點選**允許**

▲ 如果無法看到此畫面，請稍等 5 分鐘後等 Github 更新完成後再次嘗試。

▲ 辨識速度與裝置效能有很大的關係，如果畫面卡頓嚴重導致使用體驗不佳，可以嘗試使用**有鏡頭的電腦**或**效能更好的手機**。

到此我們已經使用 AI 成功辨識人臉的年齡，接下來就準備將年齡上傳到 AIO。

上傳資料至 AIO

網頁下方有兩個**輸入欄位**，一個用來輸入 **AIO 的使用者名稱**，另一個用來輸入剛剛 8-4 節的 **AIO 金鑰**：

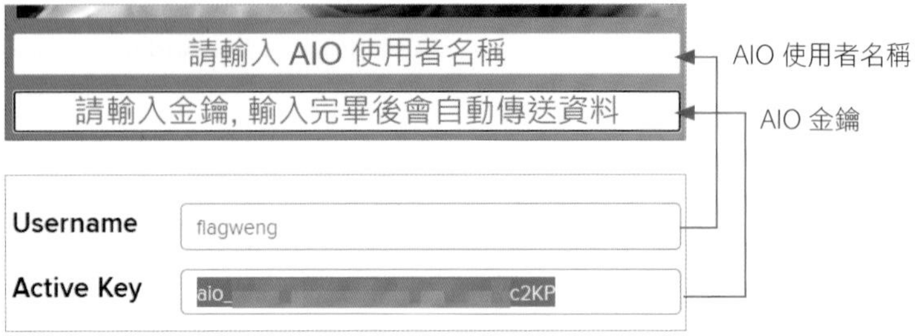

▲ 輸入使用者名稱和金鑰後，網頁會自動記住，就算重新開啟瀏覽器也不用再次輸入囉！

到 AIO 頁面點選 **age**

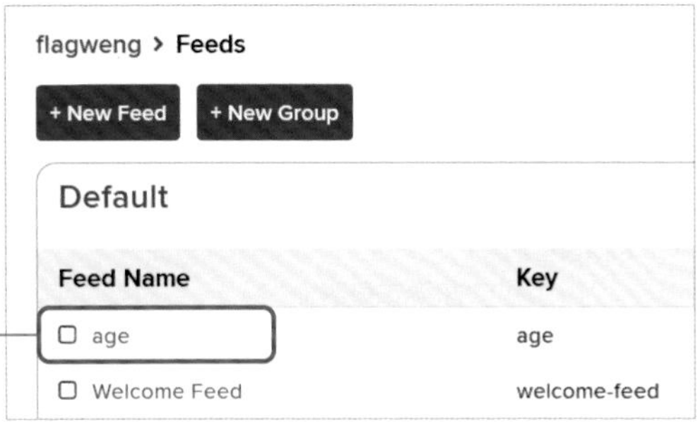

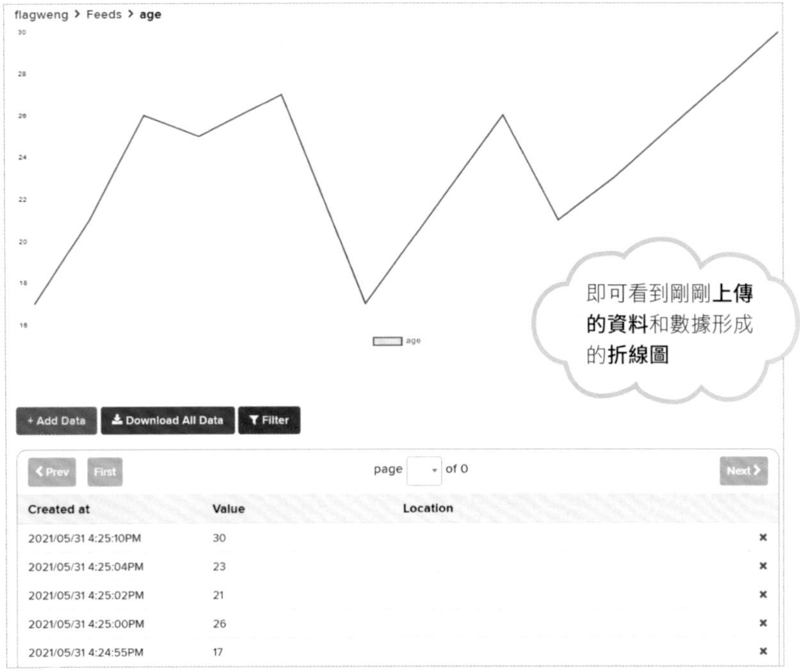

▲ AIO 免費帳號的使用限制為每 2 秒 1 筆，所以人臉偵測網頁每兩秒才會上傳一次年齡。

▲ 可以先不用關閉網頁，稍後還會使用到。

MQTT

前面我們已經將『年齡』上傳至 AIO, 接下來準備將資料抓回 ESP32。將資料抓回的方法有很多種，這裡我們使用 **MQTT 通訊**。

MQTT 通訊協定簡介

MQTT 是一種中介服務，它由 3 個元件所組成：

1. **MQTT 中介伺服器 (broker)：負責轉送訊息**
2. **發佈端 (publisher)：專門發送資料到 MQTT 中介伺服器**
3. **訂閱端 (subscriber)：專門接收資料**

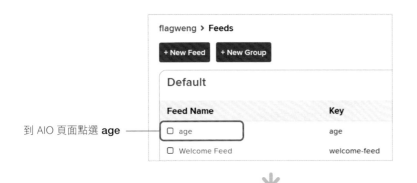

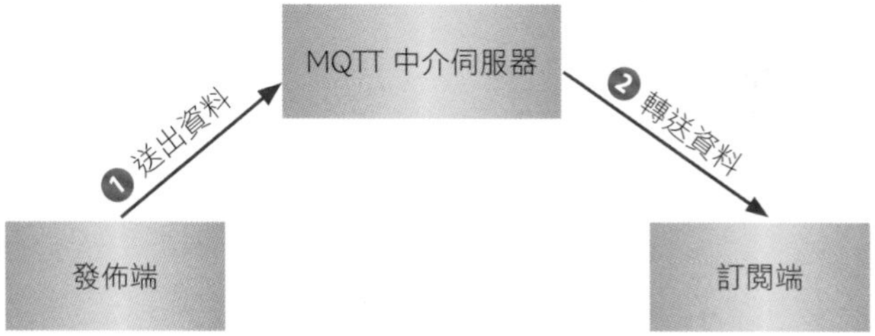

發佈端會將資料上傳至 MQTT 中介伺服器，而伺服器就會將資料轉送給訂閱端。因為發佈端和訂閱端都需要連接至 MQTT 中介伺服器，所以兩者統稱為 **MQTT 用戶端 (client)**。

個別的裝置可以同時是發佈端與訂閱端，既能發送資料給遠端的裝置，也能接收遠端裝置送出的資料。在 MQTT 中，資料還必須分門別類，區分為不同的『**頻道 (channel)**』, 發佈資料時必須指定頻道，訂閱端也必須先**訂閱**頻道，才能收到發佈到該頻道上的資料。在此套件中，**網頁**代表『發佈端』、**AIO** 代表『MQTT 中介伺服器』、**ESP32** 代表『訂閱端』。

▲ AIO 本身有 MQTT 中介伺服器，所以才可以使用 MQTT 通訊協定來做資料傳輸。

MQTT 中介伺服器

MQTT 本身的中介伺服器相關訊息如下：

主機網址	io.adafruit.com
連接埠編號	1883
使用者帳號	AIO 使用者名稱
密碼	AIO 金鑰

umqtt 模組

有了 MQTT 中介伺服器後，就準備將 ESP32 連線至伺服器。在 ESP32 中有內建 **umqtt 模組**，提供 MQTT 用戶端的功能，使用時必須先匯入其中的 **MQTTClient** 類別：

```
from umqtt.robust import MQTTClient
```

接著建立物件：

```
client = MQTTClient(client_id="age",              # 用戶端識別名稱
                    server = io.adafruit.com,     # 中介伺服器網址
                    user = "AIO 使用者名稱",        # 使用者名稱
                    password = "AIO 金鑰")         # 名稱
```

其中 client_id 是用戶端識別名稱，使用同一帳號連上伺服器的個別裝置要指定不一樣的名稱。

建立物件後可以呼叫 **connect() 方法**連上 MQTT 中介伺服器：

```
client.connect()
```

umqtt 模組提供了用戶端向 MQTT 中介伺服器訂閱頻道的功能，首先要準備一個收到訂閱資料時會自動呼叫的函式，例如：

```
def get_cmd(topic, msg):
    age = int(msg)
    if(age>=10):
        print("超過年齡限制")
```

函式名稱可以隨意取，但一定要有 2 個參數，第 1 個參數是**頻道名稱**、第 2 個參數是**收到的資料**。由於所有訂閱的頻道有新資料時都是由此函式處理，因此就必須要以頻道名稱來判斷此次資料屬於哪一個頻道。要注意的是這 2 個參數都是 bytes 物件，若要與數字進行比較，必須轉換資料型別，像是上例中就把要比較的 msg 轉換成**整數 (int)**。

定義好函式後，還要將該函式使用 **set_callback** 註冊為**收到訂閱資料時的處理函式**：

```
client.set_callback(get_cmd)
```

接著就可以使用 **subscribe() 方法**向伺服器訂閱頻道。AIO 的頻道格式固定為 **" 使用者名稱 /feeds/feed 名稱 "**：

```
client.subscribe(b"使用者名稱/feeds/age")
```

subscribe() 參數的**資料型別**必須為 bytes 格式，因此使用 **b""** 轉換資料型別。最後還有一個步驟，就是要不斷檢查是否有新的資料：

```
while True:
    client.check_msg()
```

這樣只要發佈端發送了新資料到訂閱的頻道，就會自動呼叫剛剛註冊的函式，收取新的資料了。

程式設計

```
01 from umqtt.robust import MQTTClient
02 from machine import Pin,PWM
03 import network
04 import time
05
06 # 連線至無線網路
07 sta=network.WLAN(network.STA_IF)
08 sta.active(True)
09 sta.connect('無線網路名稱','無線網路密碼')
10 while not sta.isconnected() :
11     pass
12 print('Wi-Fi連線成功')
13
14 # mqtt參數
15 mqtt_client_id = 'age'
16 AIO_URL = 'io.adafruit.com'
17 AIO_USERNAME = '請填入 Adafruit IO 使用者名稱'
18 AIO_KEY = '請填入 Adafruit IO 金鑰'
19
20 client = MQTTClient(client_id = mqtt_client_id,
21                     server = AIO_URL,
22                     user = AIO_USERNAME,
23                     password = AIO_KEY)
24 # 連線至mqtt伺服器
25 client.connect()
26 print('MQTT連線成功')
27 # 年齡限制
28 age_limit = 10
29
30 # 從 MQTT 伺服器獲得資料
31 def get_cmd(topic,msg):
32     age = int(msg)
33     print(age)
34     if(age>=age_limit):
35         print("超過年齡限制")
36         # 建立 PWM 物件
37         buzzer = PWM(Pin(23,Pin.OUT),freq=0, duty=512)
38         buzzer.freq(494)    # 發出 Ti 聲
39         time.sleep(1)
40         buzzer.deinit()
41
42 client.set_callback(get_cmd)
43
44 client.subscribe(str.encode(AIO_USERNAME)+b"/feeds/age")
45
46 while True:
47     # 確定是否有新資料
48     client.check_msg()
```

- 第 9 行：填入無線網路名稱和密碼
- 第 17 行：填入 Adafruit IO 使用者名稱
- 第 18 行：填入 Adafruit IO 金鑰
- 第 34-40 行：如果年齡過年齡限制，蜂鳴器會發出警報聲

測試程式

請按 F5 執行程式，當 ESP32 連上指定無線基地台後，即可看到**互動環境**顯示『Wi-Fi 連線成功』和『MQTT 連線成功』：

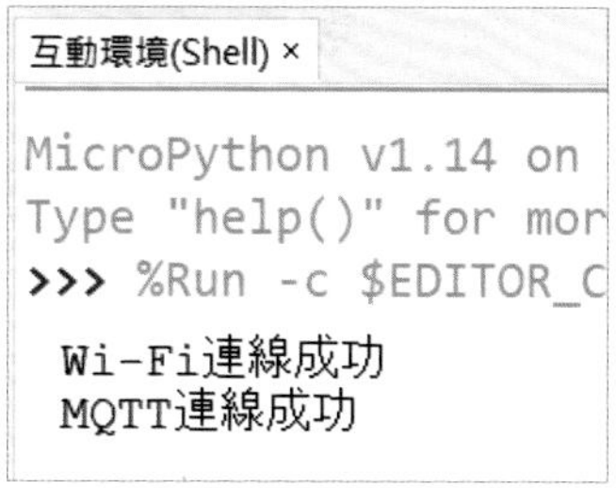
互動環境(Shell) ×
MicroPython v1.14 on
Type "help()" for mor
>>> %Run -c $EDITOR_C
Wi-Fi連線成功
MQTT連線成功

手機開啟**人臉偵測頁面**，偵測自己的臉。有偵測到結果時，Thonny 的**互動環境**會顯示**年齡**，如果年齡超過限制（本例為 10)，則會顯示『超過年齡限制』並發出 **1 秒的警示聲**：

```
互動環境(Shell)
>>> %Run -c $EDITO
 Wi-Fi連線成功
 MQTT連線成功
 27
 超過年齡限制
```

8-5 人臉辨識

在 8-4 節中我們使用外部程式庫 **face-api.js** 做到人臉偵測，而除了人臉偵測外，此程式庫還可以**辨識人臉**。

此程式庫提供的人臉辨識可以**辨識身份**和**差距 (Distance)**。

辨識身份會比較『攝影機拍的影像』和『使用者提供的圖片』，看比較符合哪一個名稱：

▲ 如果攝影機影像和照片相似度都太低，會顯示 **unknown**，例如找一個跟照片完全不像的陌生人，有很高的機會顯示 **unknown**。

差距 (Distance) 是指辨識出人臉後，與此人臉的**差異程度**。『差距』越小代表越相似，數值介於 0 到 1 之間，程式庫的作者認為 0.6 是不錯的閾值：

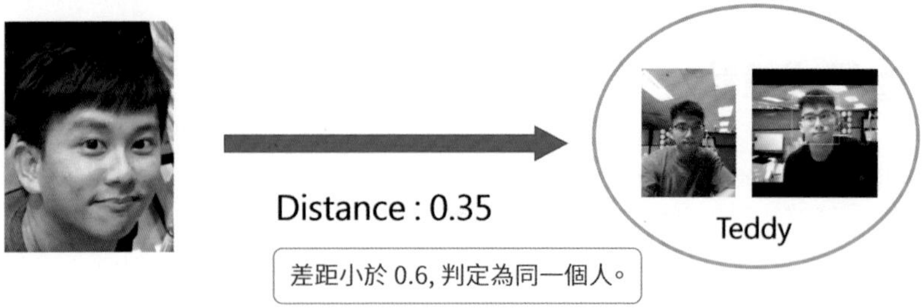

8-6 網頁藍牙 Web Bluetooth

在 LAB14 中，我們將人臉偵測得到的年齡傳送至 **AIO** 平台以供 ESP32 索取，但整個流程其實有點複雜，如果能直接從瀏覽器傳送資料給 ESP32 就能減少很多步驟，這一節就要使用**網頁藍牙 (Web Bluetooth)** 讓手機與 ESP32 直接通訊。

網頁藍牙可以**在瀏覽器搜尋藍牙裝置**，並做到像第 3 章使用的藍牙 App，傳送資料給 ESP32：

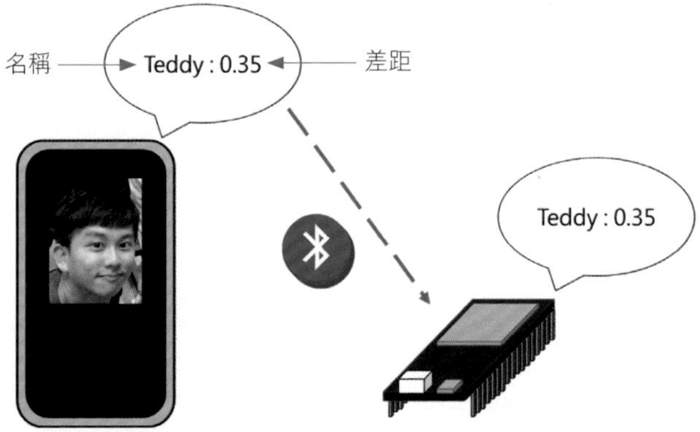

⚠ Web Bluetooth 有限制特定瀏覽器,所以後續實驗請使用 **Chrome 瀏覽器**。iPhone 的瀏覽器 (Safari 和 Chrome) 皆無法使用,請更改為 Android 手機、具備藍牙功能的筆記型電腦 (MAC 也可以),如果手邊皆無上述裝置,下載的範例中有提供利用 AIO 傳輸的Wi-Fi 版專用範例,使用方法可參考線上教學,網址為 https://hackmd.io/@flagmaker/S1ReszUcd。

LAB15 智慧門鎖

實驗目的	將人臉辨識的結果透過『網頁藍牙』傳送給 ESP32,如果身份正確且差距夠小就會轉動伺服馬達。
材料	• ESP32 • 伺服馬達 • 麵包板 • 杜邦線若干條 • 排針 ⚠ 同 **LAB02**

線路圖

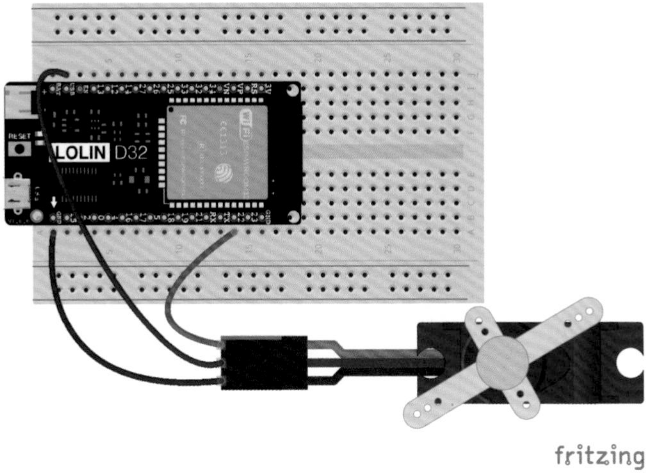

⚠ 同 **LAB02**

fritzing

設計原理

與 LAB14 一樣,要先將網頁檔案上傳至 GitHub,上傳網頁時也要放入人臉的照片,稍後才可以和攝影機拍到的畫面比對:

建立放置人臉照片的資料夾

1 開啟**下載範例檔案的資料夾**

2 切換到『網頁資料 /door_lock/images』資料夾

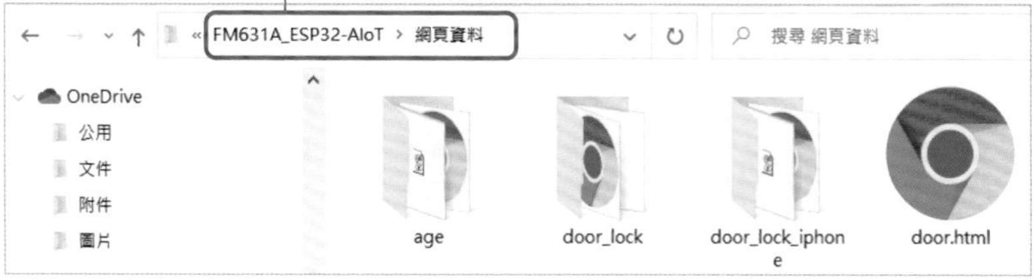

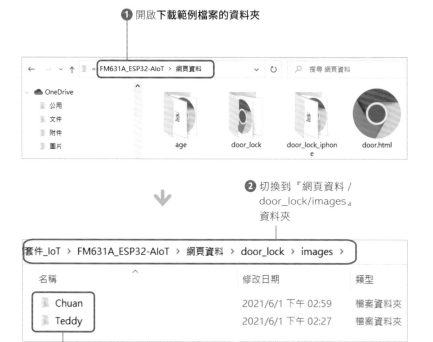

名稱	修改日期	類型
▢ Chuan	2021/6/1 下午 02:59	檔案資料夾
▢ Teddy	2021/6/1 下午 02:27	檔案資料夾

3 以要識別的人名建立**資料夾**,本書範例為 Teddy 和 Chuan 兩個人。

⚠ 依據要辨識的人數建立對應的資料夾,數量不限,不過數量越多,辨識的時間就會比較久。

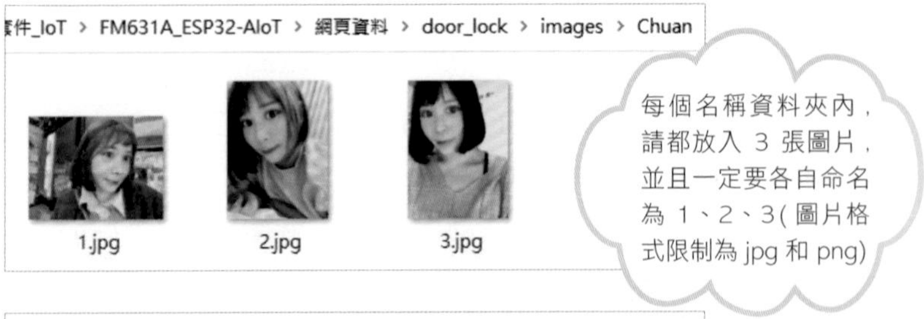

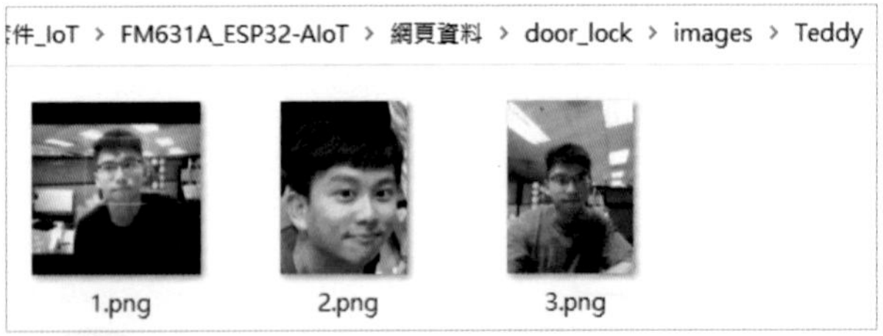

⚠ 我們提供的範例網頁中，每個名稱只會讀取**檔名為 1、2、3 的圖片**，所以可以多放圖片(程式不會讀取到)，不能少放。如果想要網頁多讀取一些圖片，可以到 door_lock 資料夾裡的 script.js 內 (162 行) 更改。

```
162   for (let i = 1; i <= 3; i++) {
```

上傳網頁檔案

到 8-3 節建立的 GitHub 倉庫：

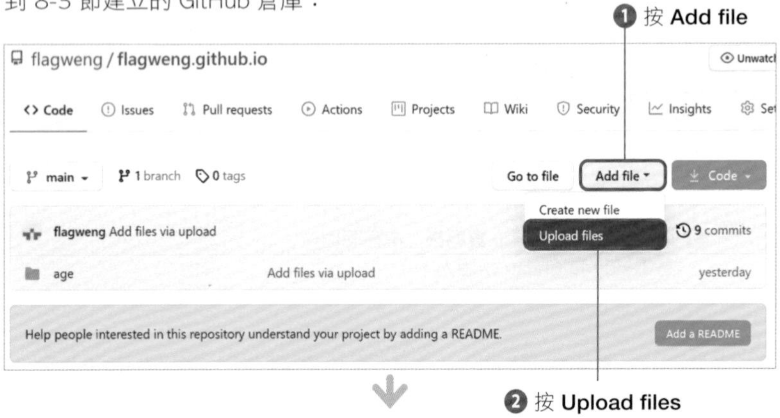

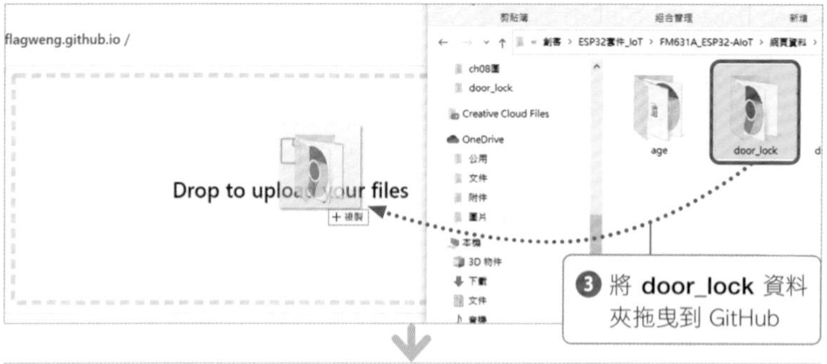

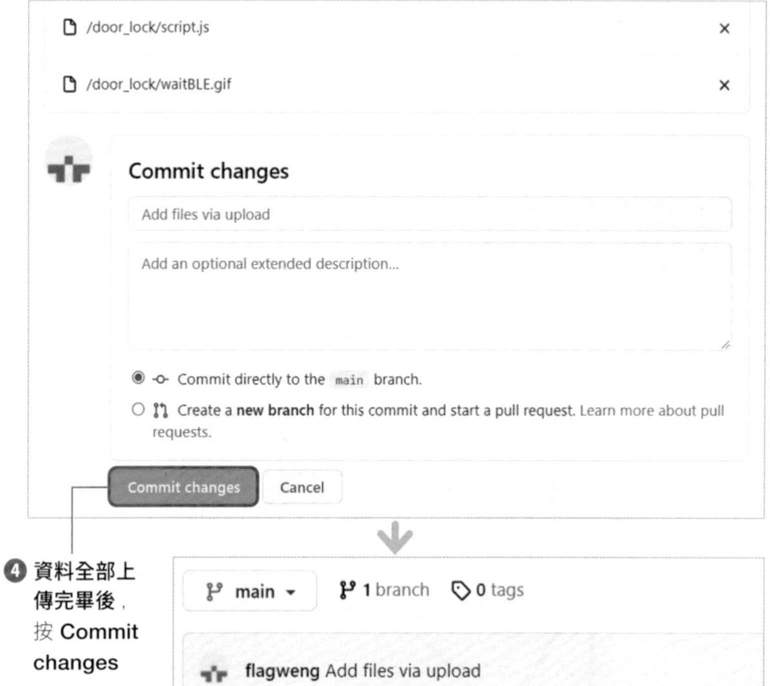

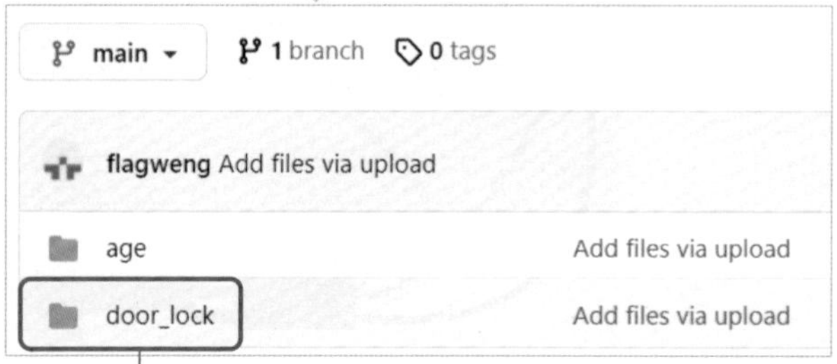

看到 door_lock 資料夾已成功上傳到 GitHub

開啟網頁

將網頁資料上傳到 GitHub 後，就可以在手機使用 Chrome 瀏覽器依你的使用者名稱輸入以下網址開啟網頁：

```
https://使用者名稱.github.io/door_lock/index.html
```

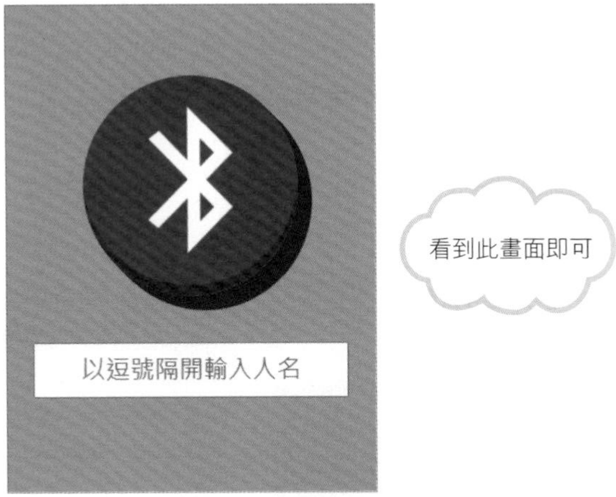

接下來輸入剛剛放圖片的資料夾名稱，如果有多個名稱請以**英文逗號隔開**，例如：

▲ 不用關閉此畫面，稍後會繼續使用。

ESP32 解析資料

瀏覽器進行人臉辨識後，會傳送以下格式的資料給 ESP32：

```
名稱:差距
```

例如 **Teddy:0.35**。ESP32 則是會與第 3 章一樣，建立一個 BLE_UART 物件並使用 **get() 方法**取得資料：

```
>>> from ble_uart import BLE_UART
>>> ble = BLE_UART("藍牙門鎖")        # 藍牙裝置取名為藍牙門鎖
>>> getValue = ble.get()
>>> getValue
Teddy:0.35    ←  回傳值
```

接下來要分別取得**名稱**和**差距**，因為 getValue 取得的是**字串**，其中**名稱**和**差距**是以『冒號』將兩者分開，所以可以使用 **split() 方法**來切割字串：

```
>>> get_split = getValue.split(":")
>>> get_split
['Teddy','0.35']
```

切割完資料後，就可以使用**索引**分別取出**值**：

```
>>> get_split[0]
'Teddy'
>>> get_split[1]
'0.35'
```

稍後就要使用網路藍牙連接 ESP32，在連線前，需要先執行程式才能使 ESP32 變成藍牙裝置。

程式設計

```
from ble_uart import BLE_UART
from servo import Servo
from machine import Pin
import time
```

```
05
06 # 名稱列表
07 name_list = ["Teddy", "Chuan"]
08
09 # 建立伺服馬達物件
10 my_servo = Servo(Pin(22))
11 # 建立藍牙物件
12 ble = BLE_UART("藍牙門鎖")
13
14 while True:
15     # 取得藍牙傳送過來的值
16     getValue = ble.get()
17     if(getValue != ""):
18         # 使用:切割字串
19         get_split = getValue.split(":")
20         # 名稱
21         name = get_split[0]
22         # 距離
23         dis = float(get_split[1])
24         print(name, dis)
25         # 如果名稱有在 name_list 且 距離小於 0.4
26         if((name in name_list) and (dis<0.4)):
27             print("開啟")
28             my_servo.write_angle(0)
29             time.sleep(3)
30             my_servo.write_angle(90)
31         else:
32             print("我不認識你!!")
```

- 第 7 行：建立名稱列表。要與網頁輸入的**名稱**相同
- 第 12 行：建立藍牙裝置，此裝置名稱為**藍牙門鎖**
- 第 17 行：當 ESP32 接收到資料時，執行後續程式
- 第 23 行：將差距從**字串**轉換成**浮點數**，後續才可以比較大小
- 第 26-30 行：如果傳送過來的名稱有在**第 7 行建立的名稱列表中**且差距小於 0.4，代表是有獲得授權的人，則轉動伺服馬達來開啟大門，3 秒後關閉。

▲ 距離取 0.4 而不是取 0.6 是希望更加嚴格。

測試程式

請按 F5 執行程式，即可看到 ESP32 上的藍燈開始閃爍，並在 **thonny 的互動環境**看到以下畫面：

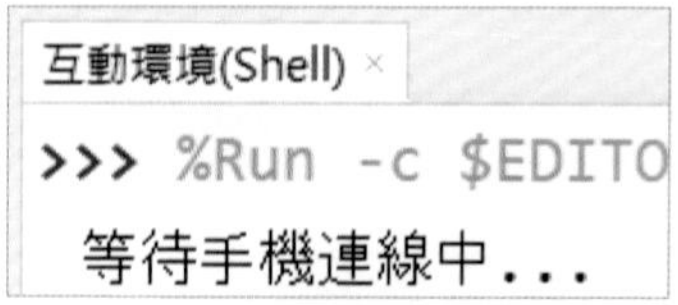

接下來回到瀏覽器：

▲ 按下藍牙按鈕前，請務必確認已經輸入名稱。如果名稱有錯，會出現**錯誤提示視窗**。

❸ 點選 ESP32 建立的**藍牙門鎖**

❹ 按**配對**

看到此畫面就可以開始辨識了

Thonny 的**互動環境**會顯示以下畫面：

```
互動環境(Shell)
>>> %Run -c $EDITO
  等待手機連線中...
  連線到手機或電腦
```

辨識成功

將攝影頭對準臉，按**辨識按鈕**，如果成功辨識到人臉，顯示**藍框**、**名稱**和**差距**

Thonny 的**互動環境**會顯示以下畫面，並且轉動伺服馬達的轉軸：

```
互動環境(Shell)
>>> %Run -c $EDITO
  等待手機連線中...
  連線到手機或電腦
  Teddy 0.3199045
  開啟
```

Teddy 是登錄過的名稱且差距小於 0.4，所以會開啟

辨識失敗

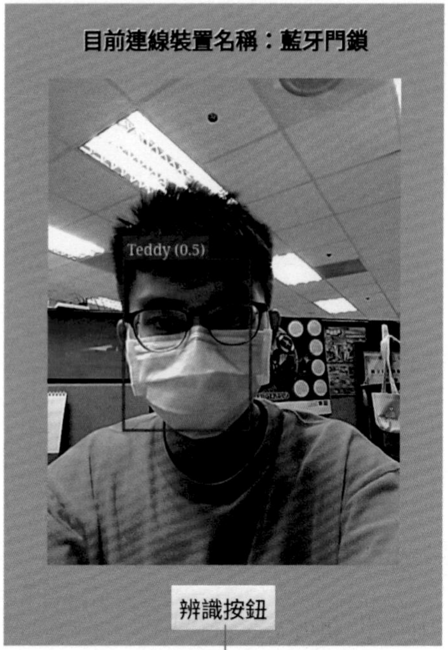

將攝影頭對準臉，
按**辨識按鈕**

Thonny 的**互動環境**會顯示以下畫面：

雖然 Teddy 是登錄過的名稱，但差距大於 0.4，所以判斷為不認識

MEMO

CHAPTER 09

自製藍牙截圖、音量遙控器

鍵盤、滑鼠和耳機已經是每日必需品，但在使用的過程中，這些裝置的『線』總是帶來困擾，例如鍵盤滑鼠的線讓桌面看起來雜亂，或是耳機線常常在你運動時打擾到你。上述問題都在藍牙裝置盛行後得到解答，『無線』已經是現在生活必不可缺的元素。本章我們就來製作自己的藍牙裝置，讓你不受 " 線 " 制。

▲ 由於 MicroPython 目前在 BLE 的功能並不完整，**本章實驗不適用於 iPhone 及 Mac 電腦**，請改用 Android 手機或是 Windows/Linux 筆記型電腦測試。

9-1 HID

HID(Human Interface Devices, 人機介面裝置), 代表人類操作電腦的裝置，例如滑鼠、鍵盤…等。HID 又可分為**主機 (host)** 和**裝置 (device)**, **裝置**代表人操作的物品，例如滑鼠、鍵盤；**主機**負責接收裝置傳來的資訊，例如電腦、手機：

鍵盤。HID 裝置

電腦。HID 主機

稍後我們的 **ESP32(HID 裝置)** 會連接**手機 (HID 主機)**, 並模擬『鍵盤』發出按鍵指令。

9-2 按鈕

後續實驗會以**按鈕**當作發送鍵盤指令的開關，所以需要先了解按鈕的原理以及使用方法。

按鈕是電子零件中最常使用到的開關裝置，它可以決定是否讓電路導通。按鈕的原理如右圖：

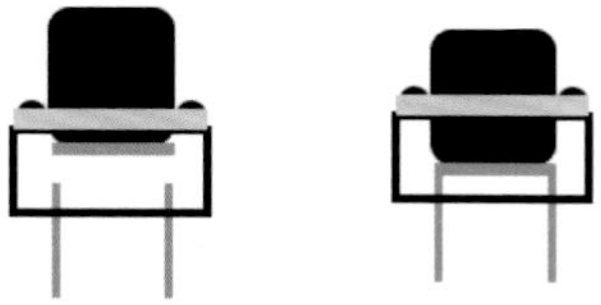

只要按下按鈕，按鈕下的鐵片會讓兩根針腳連接，導通電路。

LAB16 按鈕開關測試

實驗目的	使用 ESP32 的輸入腳位讀取按鈕
材料	• ESP32 • 按鈕 × 2 • 麵包板 • 杜邦線若干條 • 排針

線路圖

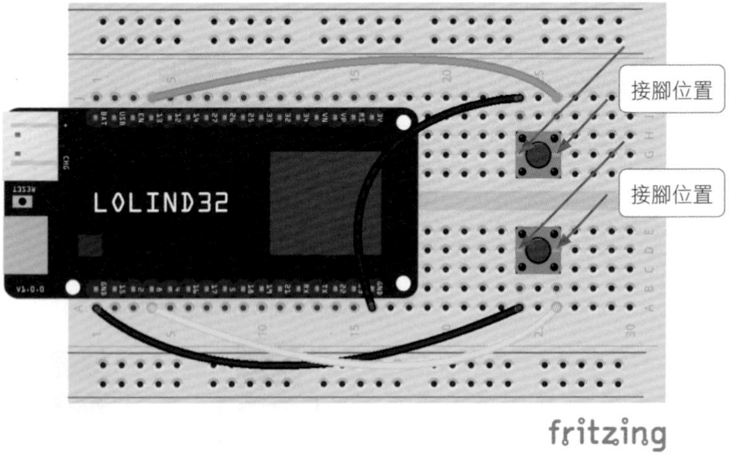

ESP32	上按鈕	下按鈕
13	右接腳	×
0	×	右接腳
GND	左接腳	左接腳

▲ 按鈕沒有極性。

設計原理

與第 3 章一樣將 ESP32 的 GPIO 腳位當作輸入腳位，但這次不需要使用到 ADC 功能，只需要讀取**電位高低**即可。首先建立 Pin 物件：

```
>>>  from machine import Pin
>>>  button_up = Pin(13, Pin.IN)
```

第 2 個參數將腳位設定成**輸入模式**。物件建立好後，就可以使用 **value()** 讀取電位高低：

```
>>>  button_up.value()
```

讀到『高電位』時，button.value() 的回傳值會是 **1**，反之為 **0**。但如果沒有按下按鈕開關，輸入腳位就不會收到明確的訊號，處於**不穩定狀態**，也就是會受到環境雜訊影響。

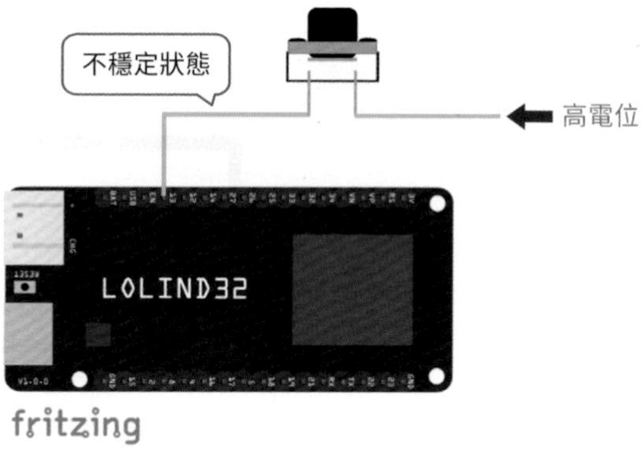

為了防止不穩定狀態出現，會加上電阻讓腳位能接收到明確的訊號，根據電阻的位置，分為『上拉電阻』和『下拉電阻』:

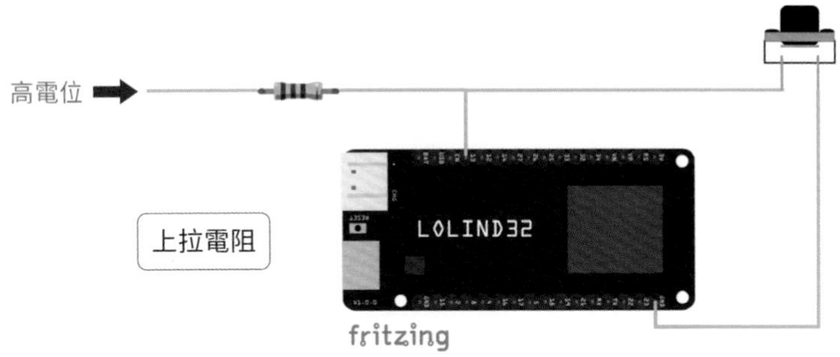

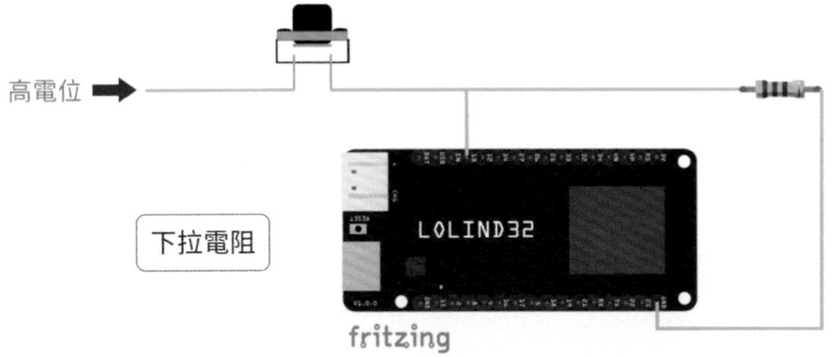

上拉電阻在沒按下按鈕前，會接收到**高電位**；下拉電阻在沒按下按鈕前，會接收到**低電位**。而為了方便使用，ESP32 的腳位已經**內建上拉電阻**，通常為了簡化電路，就會採用內建的上拉電阻。

為了啟用 ESP32 的內建上拉電阻，我們需要更改 Pin 物件：

```
button_up = Pin(13, Pin.IN, Pin.PULL_UP)
```

第 3 個參數 PULL_UP 代表啟動內建上拉電阻。啟用內建的上拉電阻後，只需要將按鈕分別連接至輸入腳位和 GND 即可，此時若按下按鈕，13 號輸入腳位就會讀取到**低電位**，反之為**高電位**。

▲ 上拉電阻與我們平常習慣的『按下按鈕為高電位 (1)』、『沒按按鈕為低電位 (0)』相反，請不要搞混囉！

程式設計

```
from machine import Pin
import time

# 上面按鈕
button_up=Pin(13, Pin.IN, Pin.PULL_UP)
# 下面按鈕
button_down=Pin(0, Pin.IN, Pin.PULL_UP)

while True:
    # 讀取上面按鈕的值
    print(button_up.value())
    # 讀取下面按鈕的值
    print(button_down.value())
    print()
    time.sleep(0.1)
```

測試程式

請按 F5 執行程式，執行後互動環境會每隔 0.1 秒顯示 2 個腳位的輸入值。只要沒有按下開關，兩者數值都會為 1，當你按下上面按鈕時，上面的數值會變 0，以此類推到下面按鈕。

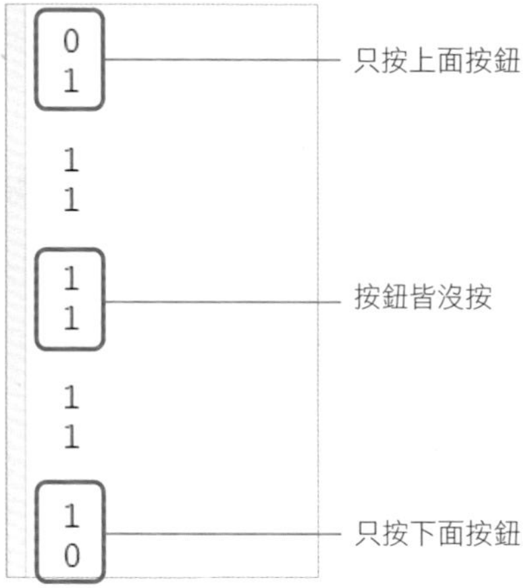

9-3 藍牙鍵盤

要使用 ESP32 模擬 HID 裝置需要使用 **ble_hid** 模組，首先先安裝模組：

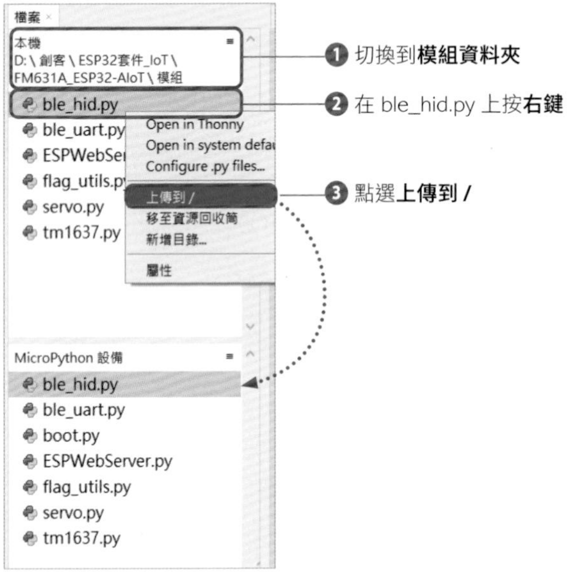

匯入 ble_hid 模組並使用 **BLE_HID 類別**建立物件：

```
>>> from ble_hid import BLE_HID
>>> keyboard= BLE_HID ("ESP32_keyboard")
```

BLE_HID() 的參數是**藍牙裝置名稱**，注意名稱長度不要超過 18 個字元，否則程式會報錯。等物件建立完畢後，就可以在 **HID 主機 (手機或電腦)** 的藍牙列表中搜尋到 ESP32_keyboard：

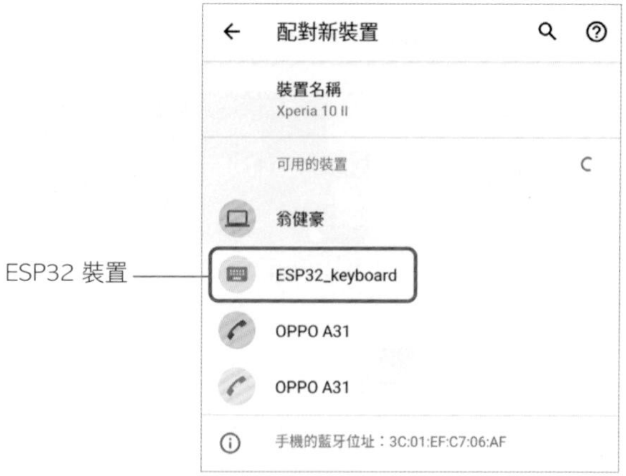

點選 ESP32_keyboard 後就可以與其配對：

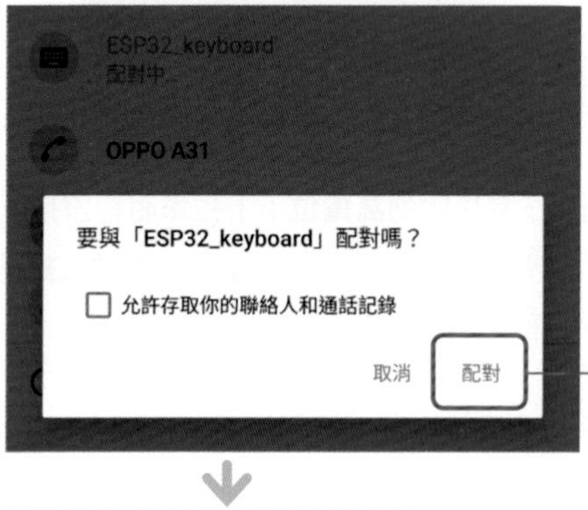

點選**配對**

▲ 如果手機顯示**無法與裝置配對**，可以重新啟動藍牙或手機。

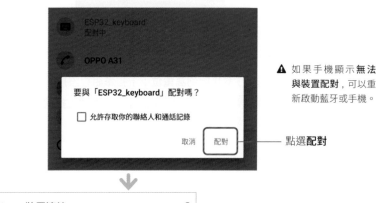

ESP32 與手機連線

▲ 在第 3 章我們使用 **ble_uart 模組**建立的藍牙裝置必須使用『藍牙 App』或『網頁藍牙』才可以連線運作，是因為手機預設並不知道怎麼與『序列埠通訊服務』連線運作。這一章使用 **ble_hid 模組**建立的藍牙裝置會先告知手機自己是鍵盤，所以可以直接使用手機藍牙連線。

手機連上 ESP32 後，就可以使用以下**方法**傳送不同資訊給 **HID 主機**：

```
>>>  keyboard.send_char('a')     ← 傳送單一字元。等同按下鍵盤的 a
>>>  keyboard.send_str('aBc')    ← 傳送多個字元。
>>>  keyboard.changeLanguage()   ← 手機切換語言。等同按下鍵盤的
                                    Shift + Space
>>>  keyboard.screenShot() ← 截圖。等同按下鍵盤的 Print Screen
>>>  keyboard.photograph() ← 手機照相。等同按下鍵盤的 Enter
```

LAB17 截圖神器

實驗目的	將 ESP32 變成藍牙鍵盤，並模仿按下鍵盤的 Print Screen 來截圖。
材料	同 LAB16

接線圖

同 LAB16

設計原理

螢幕截圖

現在手機基本上都有**截圖功能**，但不管是『手滑過螢幕』或是『同時按下音量減弱 + 鎖定鍵』其實都是有點麻煩的動作，尤其是想要擷取操作細節，例如使用一隻手放大螢幕畫面時，就很難『同時按下音量減弱 + 鎖定鍵』截圖。

為了解決以上問題，我們可以將手機連上藍牙鍵盤，並按下 Print Screen 就可以做到一樣的功能。

前面我們已經將 ESP32 變成藍牙鍵盤，所以只要使用 **screenShot() 方法**即可完成截圖：

```
>>>  keyboard.screenShot()
```

截圖按鈕

我們會使用 9-2 節的**按鈕**來判斷是否『截圖』，只要按下按鈕即傳送截圖指令到手機，但我們不希望按下按鈕的期間一直傳送指令，因此需要判斷是從沒有按下按鈕變成按下按鈕的這一刻才會發出指令：

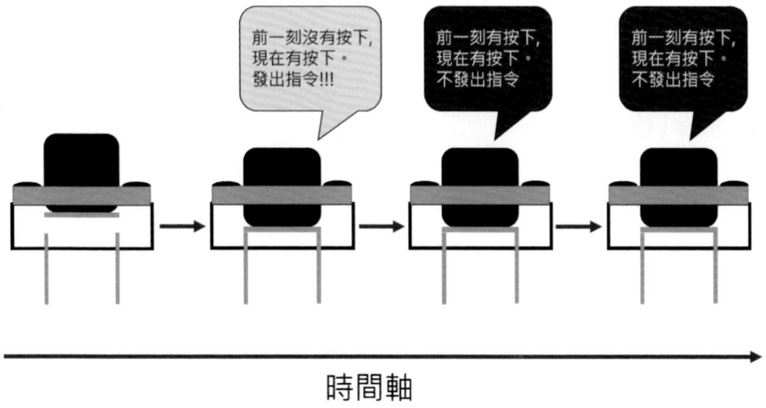
前一刻沒有按下，
現在有按下。
發出指令!!!
前一刻有按下，
現在有按下。
不發出指令
前一刻有按下，
現在有按下。
不發出指令
時間軸

程式設計

```
from machine import Pin
import time
from ble_hid import BLE_HID
```

```
keyboard = BLE_HID("ESP32_keyboard")

last_staUp = 1      # 是否按下 上按鈕

# 上面按鈕
button_up=Pin(13, Pin.IN, Pin.PULL_UP)

while True:
    # 讀取按鈕值
    staUp = button_up.value()
    # 前一次沒按 且 這次有按
    if(last_staUp == 1 and staUp == 0):
        keyboard.screenShot()
        print("截圖")
    # 紀錄前一次狀態
    last_staUp = staUp
    time.sleep(0.05)
```

測試程式

請按 F5 執行程式，執行後互動環境會出現**等待裝置連線中 ...**：

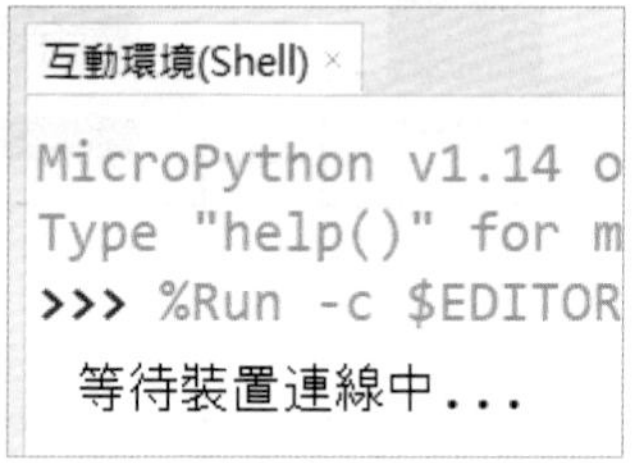

接下來使用手機連上 ESP32（可參考 9-3 節的前面步驟），等到連線完畢後互動環境會出現**連線到手機或電腦**：，

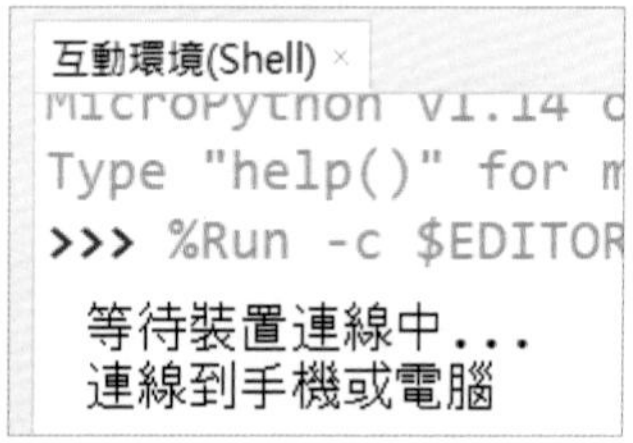

到此就可以按下按鈕，互動環境會出現『截圖』，且手機也會**截圖**：

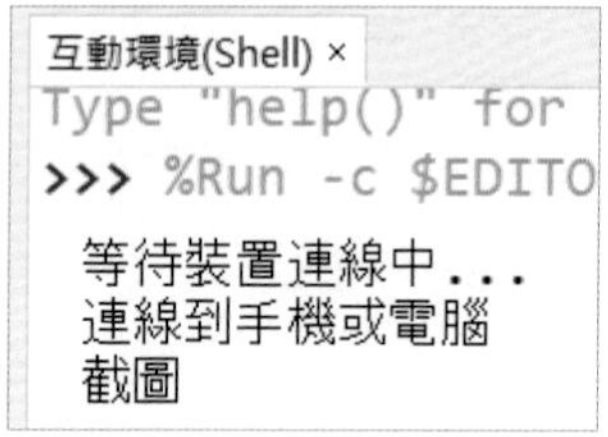

提醒已截圖成功

取消配對

實驗結束後，請記得取消手機與 ESP32 的配對：

按下**清除**

由於目前 MicroPython 在藍牙功能上還不完整，如果不取消配對，下次執行程式時，ESP32 會**自動與裝置連線**後又**自動中斷**，看起來有點詭異：

互動環境(Shell)
MicroPython v1.14 on 2(
Type "help()" for more
>>> %Run -c $EDITOR_CO
等待裝置連線中...
連線到手機或電腦
中斷連線
等待裝置連線中...

9-4 多媒體鍵控制

藍牙裝置除了藍牙、滑鼠外，耳機也是非常普遍，有些耳機可以控制**音量大小**、**上下首**和**撥放 / 暫停**，而這些都稱為**多媒體控制**，如果要讓 ESP32 變成**多媒體控制器**，一樣先匯入 ble_hid 模組並建立物件：

```
>>> from ble_hid import BLE_HID
>>> mult = BLE_HID("ESP32_Multimedia")
```

LAB18 音量控制器

實驗目的	將 ESP32 變成多媒體控制器，控制手機音量大小。
材料	**同 LAB16**

線路圖

同 LAB16

設計原理

音量控制

建立完多媒體物件後，使用 **volumeIncrement() 方法**可以讓**音量增強**：

```
mult.volumeIncrement()
```

使用 **volumeDecrement() 方法**可以讓**音量減弱**：

```
mult.volumeDecrement()
```

調整音量按鈕

線路圖中包含兩個按鈕，**上按鈕**用來控制**音量增強**；下按鈕則用來控制**音量減弱**。與 LAB17 比較不一樣的地方為，只要持續按壓按鈕，音量就會不斷增強或減弱。

程式設計

```
from machine import Pin
import time
from ble_hid import BLE_HID

mult = BLE_HID("ESP32_Multimedia")

# 上面按鈕
button_up=Pin(13, Pin.IN, Pin.PULL_UP)
# 下面按鈕
button_down=Pin(0, Pin.IN, Pin.PULL_UP)

```

```
while True:
    # 按下 上按鈕
    staUp = button_up.value()
    if(staUp == 0):
        mult.volumeIncrement()
        print("音量增強")
    # 按下 下按鈕
    staDown = button_down.value()
    if(staDown == 0):
        mult.volumeDecrement()
        print("音量減弱")
    time.sleep(0.15)
```

測試程式

請按 F5 執行程式，執行後互動環境會出現**等待裝置連線中 ...**：

```
互動環境(Shell)
MicroPython v1.14 on 2021-02
Type "help()" for more infor
>>> %Run -c $EDITOR_CONTENT
  等待裝置連線中...
```

接下請和 LAB17 一樣，使用手機尋找藍牙裝置 (名稱為：ESP32_Multimedia) 並連接：

接下來就可以按『上按鈕』和『下按鈕』，互動環境會出現『音量增強』和『音量減弱』且手機的音量會增強和減弱：

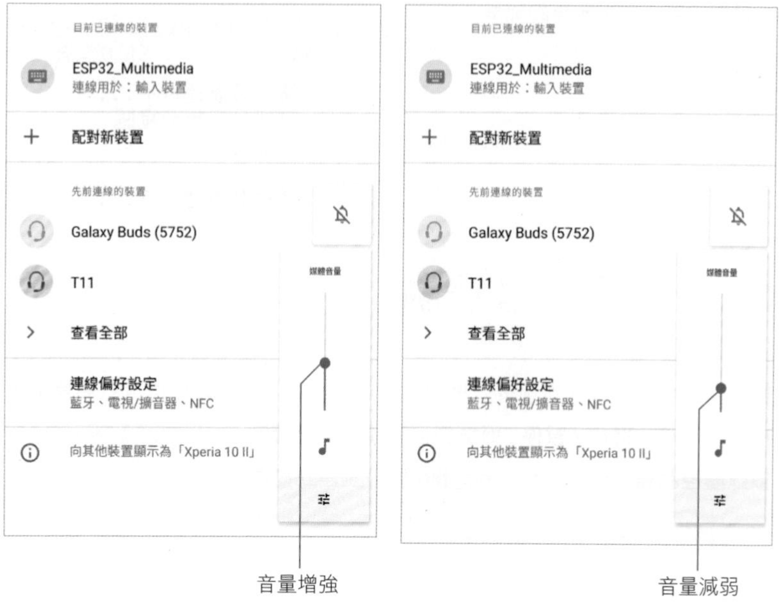

```
互動環境(Shell)
>>> %Run -c $EDITOR
  等待裝置連線中...
  連線到手機或電腦
  音量增強
  音量增強
  音量增強
  音量增強
  音量增強
  音量減弱
  音量減弱
```